재미있는 흙이야기

재미있는 흙이야기

히메노 켄지 · 세키 노부코 · 니시자와 타츠오 저
오오노 하루오 감수
이승호 · 박시현 역

씨아이알

TUCHI NAZENAZE OMOSHIRO-DOKUHONN
C) KENJI HIMENO, NOBUKO SEKI, TATSUO NISHIZAWA, HARUO ONO
All rights reserved.
Originally published in JAPAN in 1997 by SANKAIDO CO, LTD.

Korean translation rights arranged with Park Sihyun
Korean translation rights © 2009 CIR Co., Ltd.

머리말

흙은 우리생활에 매우 친근한 존재이다. 너무 친숙하기 때문에 오히려 흙 그 자체를 의식하는 일은 없을지도 모른다. 그러나 농작물을 재배하고 초목을 키우기 위하여 흙은 없어서는 안 된다. 또 인간생활에 필요한 사회기반 시설물의 기초 토대가 되는 것도 흙이다.

이러한 친근한 흙을 대상으로 하는 학문에는 접근방법에 따라 토양학, 지질학, 토질공학 등이 있다. 토양학은 작물재배를 위해 흙을 이해하는 학문이고, 지질학은 지구를 구성하는 지각 전체로서의 흙을 이해하는 학문이다. 그리고 토질공학은 구조물을 떠받치는 기초로서의 흙의 역학적 성질에 대한 이해를 주된 목적으로 하는 토목공학 중 하나의 전문영역이다.

토목공학의 측면에서 흙을 보면 기초지반으로서의 역할이 중심이다. 다리, 터널, 공항, 도로, 철도, 지하철, 항만, 인프라스트럭쳐 어느 것이나 흙을 기초지반으로 하고 있다. 즉, 토질공학은 우리 생활기반 시설물의 기초인 흙을 그 대상으로 하는 중요한 학문인 것이다.

또 집중호우나 태풍에 의한 토석류(土石流)나 벼랑붕괴 등의 지반재해는 모두 흙에 대한 힘과 변형의 관계로 인해 발생하는 재해라 할 수 있다. 이 같은 재해를 막고 예측하기 위해서는 흙의 성질을 충분히 이해하는 것이 중요하다.

흙을 재료로 한 구조물에는 매립지, 인공섬, 댐 등이 있다. 일본 간사이 국제공항은 바다에 다량의 토사를 투입해 매립하여 만든 인공섬 위에 만든 공항이다. 단기간에 매립하여 지반을 만들었기 때문에 나중에 불규칙한 지반침하가 발생할 것이라는 것은 연구를 통해 미리 알 수 있었다. 그래서 그 대응책으로 공항터미널빌딩을 소형 기중기로 들어 올리는 시스템을 설치하고 있다.

이러한 흙에 대한 기술 및 연구성과는 연구자와 기술자에 의해 수많은 조사와 반복적인 실험을 거친 데이터 축적에 의한 것이다. 이러한 성과를 바탕으로 흙의 균일하지 못한 성질이나 지반의 복잡한 성질을 단순화시키고, 모델화하여 해결하려 하지만 아직도 모르는 점이 많은 분야라고도 할 수 있다.

이 책에서는 흙에 대한 소박한 의문에서부터 전문적 기술문제까지 흙에 대한 종합적 이해를 돕기 위하여 설명은 가능한 한 쉽게 하고 식(式)은 최소한으로 줄였다. 또한 질문 하나에 대해 좌우 양 페이지의 Q&A 형식으로 정리했다. 본문의 내용에는 '흙은 어떻게 만들어졌나'라는 소박한 의문을 시작으로, 토질조사나 토압문제 등의 토질공학적인 측면, 그리고 지반 개량, 토목공사, 지반재해나 환경에 관한 문제까지 포함하고 있다.

이 책은 토목공학의 개론서인 『재미있는 읽을거리』(편저: 오오노 하루오(大野春雄)) 시리즈의 하나로, 대상 독자는 토목건설계의 대학교 및 대학원, 전문대학(정보대학 포함), 공업계 고등학교, 전문학원 학생을 염두에 두었다. 토질, 지질계 과목의 참고도서로도 아주 적합하지 않을까 생각한다. 또 흙에 흥미 있는 건설계 기술자의 청량제로서 일하는 짬짬이 마음 편하게 읽을 수 있으면 좋겠다. 마지막으로 기획, 편집까지 힘을 쏟아주신 ㈜산해당(山海堂) 편집부의 영목우사(嶺木祐司) 씨에게 진심으로 감사의 뜻을 표한다.

1997년 12월

감수(監修) **오오노 하루오**(大野春雄)

역자 서문

지구상에 인간이 존재하면서부터 흙이란 우리 생활에 없어서는 안 될 존재인 것은 누구나 인정하는 사실일 것이다. 하지만 흙에 대한 생각은 그 목적에 따라 각기 다를 것이다. 농작물을 재배하는 농민에게는 풍요로움을 가져다주는 터전일 것이며, 토목공학을 전공하는 전문가들에게는 반드시 알아야만 하는 존재일 것이다. 최근에는 여름철 집중호우나 태풍에 의한 토석류, 산사태 등으로 교통두절과 인명피해, 경제손실을 야기하는 재앙의 원인이 되기도 한다. 이처럼 흙이란 그 목적에 따라 의미는 다를 수 있지만 그 중요성만큼은 아무리 강조해도 부족할 것이다.

공학적 의미에서 흙은 매우 약하게 결합된 집합체로서 암석의 풍화로 인하여 생성된 흙입자와 그 사이의 빈 공간을 채우는 물, 공기, 동식물의 유기물 등으로 구성되어 있다.

지반을 구성하는 물질 중에서 흙은 여러 토목공사에서 건설재료로 가장 널리 사용되고 있으며 또한 구조물의 기초를 지지하는 데 사용되므로 흙의 생성원인뿐만 아니라 입도분포, 압축성, 투수성, 전단강도, 지지력 등과 같은 흙의 성질을 알아야 한다.

이 책은 흙에 대하여 흙의 생성부터 조사방법 등 전문적인 내용까지 전체적인 이해를 돕기 위한 일본의 원본을 국내의 정황에 맞추어 일부 각색하여 출간한 것이다. 내용적으로는 '흙은 어떻게 만들어졌나?'라는 소박한 의문에서부터 토질에 얽힌 기본적인 문제를 시작으로 흙의 조사나 흙의 공학적 성질, 지반개량, 공사 또는 재해에 관한 흙에 대한 문제까지 모두 포함하여 구성되어 있다.

또한 지반과 관련된 기초지식 확충을 목적으로 초·중급기술자 및 대학교 재학생에 이르기까지 누구나 쉽게 읽고 이해할 수 있도록 설명하였다.

이 책에서 소개하고 있는 내용을 충분히 이해한다면 흙에 대한 공학적 성질뿐만 아니라 재해·환경에 관계되는 흙의 성질까지 모두 파악할 수 있을 것으로 생각된다.

지반공학을 연구하고 교육하는 전문기술자의 한 사람으로서 이 책의 발간을 계기로 많은 지반공학 관련 기술인들이 흙에 대한 이해와 전문성을 가지게 되었으면 하는 바람이다.

책이 발간되기까지 도움을 주신 많은 분들께 감사의 말씀을 드리며 특히 도서출판 씨아이알의 김성배 사장과 박영지 편집장께도 고마운 마음을 전한다.

2009년 9월

이승호·박시현

❶ 흙의 생성

- 흙은 어떻게 만들어져왔는가   3
- 흙은 무엇으로 이루어졌는가   5
- 흙의 종류에는 어떤 것이 있는가   7
- 고생대, 중생대, 신생대 등의 지질연대는 어떻게 정해지는가   9
- Plate tectonics(판구조론)이란 어떤 이론인가   11
- 달에는 정말 흙이 없을까   13
- 지형학, 지질학, 토양학, 지반공학 등 비슷한 분야가 있는데 차이점은 무엇인가   15

❷ 여러 가지 흙

- 좋은 흙이란 어떤 흙인가   21
- 관동평야를 넓게 뒤덮은 관동롬층의 기원과 그 특징은 무엇인가   23
- 큐슈 남부 백사지대의 백사란 무엇인가   25
- 일반 흙과 다른 고유기질 흙이란 어떤 흙인가   27
- 일본해변의 모래언덕은 어떤 과정으로 생긴 것인가   29

❸ 생활과 흙의 만남

- 미용법에 진흙팩이 있는데 과연 효과가 있을까   35
- 더러운 물을 모래에 통과시키면 정화되어 깨끗해지는 것은 왜일까   37
- 걸을 때 소리 나는 모래해변이 있는데 왜 소리가 날까   39
- 추운 겨울 아침이라도 햇빛과 장소에 따라 서릿발이 서기도 하고 안 서기도 하는 것은 왜일까   41
- 보기에 같아 보이는 도기와 자기는 확실한 차이가 있을까   43
- 부드러운 해안의 모래 위를 차가 지나갈 수 있는 것은 왜일까   45

❹ 흙의 조사

- 토질조사란 어떤 것을 말하는가   49
- 토질시험에는 어떤 종류가 있을까   52
- 흙의 강도는 어떻게 측정하는가   54
- 지반 보링조사로 무엇을 알 수 있을까   56
- 토질주상도에서 어떤 것을 알 수 있나   58
- 압밀침하량은 어떻게 예측하는 것일까   60
- 지하수는 흙 속을 어떻게 흐르고 있을까   62
- 흙의 투수계수 측정은 어떻게 할까   64
- 지반상황을 조사하는 사운딩은 어떤 방법으로 하는 것일까   65

- 암석의 경도는 어떻게 측정할까   67
- 점토의 입경은 어떻게 측정할까   69

❺ 흙의 공학

- 흙의 강도를 나타내는 전단강도란 무엇인가   75
- 흙의 컨시스턴시란 무엇인가   77
- 흙의 밀도와 수분은 어떤 관계가 있을까   79
- 흙을 다지면 정말 강해질까   81
- 흙의 성질과 수분은 어떤 관계가 있을까   83
- 점토와 모래를 분류하는 데는 어떤 방법이 있을까   85
- 공극과 간극은 어떻게 다를까   87
- 흙의 압축과 압밀은 어떻게 다를까   89
- 랜킨과 쿨롱의 토압이론의 차이는 무엇일까   90
- 흙의 흐트러짐이란 어떤 현상을 말하는 것일까   92
- 흙이 교란을 반복하면 강도가 저하되는 이유는 무엇일까   94
- 사면의 미끄러짐 파괴란 어떤 현상이고 그것을 예측하는 방법은 있을까   97
- 원호(圓弧) 미끄러짐이란 무엇인가   99
- 흙에 가해지는 힘을 전응력이라 부르는데, 그러면 유효응력이란 무엇인가   101

목차

- 큰 산 가운데 뚫린 터널이 무너지지 않는 것은 왜일까　103

❻ 지반의 개량

- 연약지반이란 어떤 지반을 말하는 것일까　107
- 연약지반을 극복하기 위한 대책에는 어떤 공법들이 있을까　109
- 지반을 개량하기 위한 모래로 만든 말뚝이 있다는데 사실인가　111
- 토목공사에 사용되는 지오텍스타일은 무엇인가　113
- 성토의 안정처리는 어떻게 하는 것인가　115
- 성토에 발포 폴리스치롤을 쓰는 공법이 있다고 들었는데 어떤 효과가 있을까　117

❼ 공사와 관련된 흙

- 터널은 어떻게 뚫어나갈까　121
- 지하철은 어떻게 뚫어서 만들어질까　124
- 터널을 뚫기 위한 쉴드머신이란 무엇인가　126
- 해상공항인 간사이공항은 어떻게 매립한 것일까　128
- 아카시대교와 같은 장대 현수교를 지탱하는 바다 가운데의 교대는 어떻게 만드는 것일까　130

- 철도 레일 밑에 흙이 아닌 자갈이 깔려 있는 것은 왜일까　　132
- 토공사용 건설기계에는 어떤 것이 있을까　　134
- 토공에서 절토, 성토작업을 효율적으로 하려면 어떻게 하면 좋을까　　138
- 지반에는 지지층이라 불리는 부분이 있다는데 어느 층인가　　140
- 구조물을 지지하는 기초공에는 어떤 것이 있을까　　141
- 흙막이공사에는 어떤 시공방법이 있을까　　143
- 토목공사 중에 발파실시 여부는 어떻게 정해지는가　　145
- GPS가 토목공사에서도 사용된다는데 사실인가　　147

8 재해·환경에 관계되는 흙

- 대도시 지반침하는 어떠한 원인으로 일어나는가　　153
- 때때로 지하굴착 공사현장에서 산소결핍에 의한 사고가 발생하는데 왜일까　　155
- 도로포장에 갑자기 큰 구멍이 뚫리는 경우가 있는데 원인은 무엇일까　　157
- 지반의 액상화란 무엇일까　　160
- 지반의 측방유동이란 어떤 현상일까　　162
- 산을 깎아 만든 절취사면은 위험해 보이는데 괜찮을까　　164
- 지반 미끄러짐에 대한 종합적 대책은 어떻게 진행되고 있는가　　166

- 매년 피해자가 발생하는 토석류는 왜일 어나는가　168
- 수자원으로서의 지하수가 안고 있는 문제에는 어떤 것이 있을까　170
- 지하댐은 어떤 용도로 쓰이고 있는가　173
- 대심도 지하공간이란 어느 정도의 깊이를 말하는 것일까　175
- 큰 사회문제인 토양오염의 원인은 무엇일까　177
- 건설잔토의 문제는 무엇일까　179

참고문헌　181

재미있는 흙이야기

흙의 생성 1

① 흙의 생성

흙은 어떻게 만들어져왔는가

 흙은 육지에 살아 숨 쉬는 모든 생물에게 둘도 없이 소중한 것으로, 생물로서의 활동 장소와 에너지를 공급하는 근원이다.
 흙은 그 아래에 묻힌 금속자원이나 에너지자원과는 생성 과정이 전혀 다른 것으로 주로 퇴적암이나 화성암 등 무기질 암석이 긴 세월

풍화작용을 받아 바위 덩어리→바위 조각→흙으로 변화하여 생성된 것이다. 주로 함유하고 있는 원소는 산소, 규소, 알루미늄 등이다.

암석의 풍화작용에는 지구상에 반복되는 온도변화가 암석의 수축·팽창 작용을 일으키고 암석을 부서뜨리는 물리적인 풍화와 침투된 빗물에 의해 암석을 용해·산화·가수분해시키는 화학적 풍화, 그리고 식물의 뿌리 성장에 따른 압력, 식물 유체(遺體)에서 분해되는 탄산과 유기산 혹은 땅속에 사는 지렁이나 두더지 등에 의해 암석을 붕괴시키는 생물학적인 풍화 등이 있다. 이들은 독립적으로 작용하는 것이 아니라 여러 가지로 조합되어 암석을 흙으로 변하게 한다. 그런 풍화작용의 원인이나 풍화 정도만이 아니라 기원이 되는 암석종류나 생성장소의 차이 등 복잡한 생성 원인을 거쳐 여러 특징을 가진 흙이 만들어진다.

절벽의 단면이나 산이나 언덕 등을 절단해서 낸 길의 양측을 살펴보면 아래쪽에 암석이 있고 점점 위쪽으로 가면서 작은 돌멩이나 모래 등의 작은 입자가 보이고, 표층부는 검은색을 띠고 있다. 이 층은 위로부터 용탈층(溶脫層), 집적층, 토양모재(母材)라 부르고 간단히 A, B, C층이라 부르기도 한다.

A층이란 관찰되는 단면, 곧 제일 표층에 있는 부분으로 기후나 생물의 작용을 가장 강하게 받는 부위이다. 낙엽과 같은 식물의 유체나 그 분해물 등을 다량으로 함유하여 다른 심층보다 검은색을 띠고 있다. B층은 A층 바로 밑에 있어서 A층으로부터 유기성분과 무기성분이 흘러 내린 물질이 집적되어 있는 층이다. 그리고 C층은 흙을 만들어낸 원재료, 그러니까 모암(母岩) 층으로 되어 있다.

이 같은 분류법은 매우 일반적인 것이다. 또한 지하수위 변동이나 화산폭발이 반복되어 층의 일부가 잘리거나 화산재의 퇴적이 겹쳐 옛 시대의 A층, B층 등이 없어진 경우가 있다.

오히려 여기서 말하는 층이란 지질퇴적물이 겹쳐져 만들어진 '지층'과는 다른 것으로, 하나의 흙의 단면의 분화로 생긴 것을 가리키고, 이 때문에 토양층위(層位)라고 구분하기도 한다. 이 같은 토양화는 풍화에 따라 일어나는 것으로 수백 년에서 수천 년을 요하는 것으로 생각된다.

흙은 무엇으로 이루어졌는가

흙은 암석의 풍화작용에 의해 생겼으나 그것은 고체부분뿐이다. 이 부분을 빼면 흙이 아니라 토립자(土粒子)라고 하는 것이 정확하다.

흙은 고체(토립자), 액체(물), 기체(공기) 세 가지를 합쳐서 부르는 말이다. 실제로 지표면에서 흙을 손으로 퍼 올리면 이 같은 토립자, 물, 공기 세 가지 성분이 같이 올라온다.

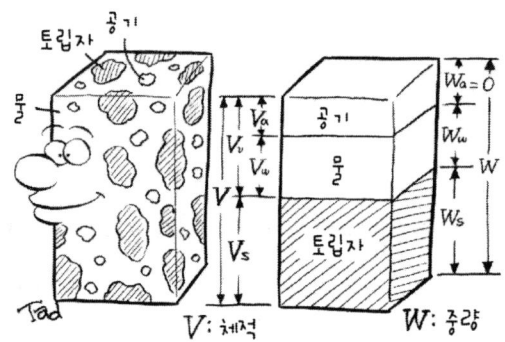

이 세 가지가 흙 속에서 각각 차지하는 비율은 흙의 구조와 상태를 반영하는 지표가 된다. 그 위에 토목구조물과 건축물을 만들 경우에는 이것을 받쳐주고 지지하는 능력을 고려해야 한다. 또한 식물을 기르는 토양으로 사용할 경우에는 식물 뿌리 성장의 용이함, 뿌리로의 양분, 수분, 산소 등 공급의 좋고 나쁨에 크게 관계되므로 흙의 성질을 파악하는 것이 매우 중요하다.

이 세 가지가 흙 속에서 차지하는 비율뿐 아니라 토립자의 입자밀도분포와 입자끼리의 상대관계 등에 의해 흙의 성질은 크게 달라진다.

토립자는 대부분이 암석파편과 풍화에 의해 생긴 입자 및 생물 유체의 분해와 재합성에 의해 생긴 흙 고유의 유기물에서 생긴다.

토립자와 토립자 사이에는 틈이 있고 그 속은 물과 공기로 채워져 있다. 이 틈을 간극이라고 한다. 물은 대부분이 자유수(自由水) 형태로 존재하고 있다. 공기는 간극 안에 존재하는 것과 물 속에 녹아 있는 것도 모두 포함한다.

세 가지의 분포비율은 같은 흙에서도 변화한다. 예를 들면 비가 내릴 때 간극은 물로 가득 찬다. 반대로 가뭄이 들면 공기가 간극의 대부분을 차지하게 된다. 흙을 다짐했을 때의 강도는 바로 이 수분량에 따라 변화한다.

 이와 같이 토립자, 물, 공기 각각의 체적과 질량을 사용함으로써 그 흙이 가진 성질을 알 수 있다. 그 대표적인 것을 들자면, 흙의 간극 속의 물의 질량과 토립자의 질량과의 비로 나타나는 함수비, 간극의 체적과 토립자 체적과의 비로 나타나는 간극비 혹은 간극률, 간극 안의 물의 체적과 간극의 체적비로 나타나는 포화도 등이 있다. 그 밖에 흙의 밀도 등도 알 수 있다.

흙의 종류에는 어떤 것이 있는가

 일반적으로 지반공학이라는 학문에서 흙을 떠올리는 사람들은 지반을 구성하는 흙의 역학적인 거동에 따른 종류로 구분하는 것이 필요하며, 토양학이란 학문에서 흙을 떠올리는 사람들은 식물을 키우기 위한 토양의 종류로 구분할 필요가 있다.

 여기에서는 지반공학의 입장에서 흙의 종류를 바라보자. 간단히 말하면 점토, 실트, 모래, 자갈의 4종류가 있다. 이것은 크기에 따라 분류한 것이다.

 그러나 실제의 흙은 이들 4종류가 각각의 비율로 섞여 있고 수분에 따라 각각 성질이 다르므로 종류가 세분화된다. 세분화된 종류를 나타낸 것이 다음의 도표에 있는 흙의 공학적 토질분류체계이다. 이 체계로는 대분류, 중분류, 소분류, 세분류의 4단계 순으로 목적에 따라 흙의 종류

흙의 공학적 분류체계(일본 통일토질분류)

대분류	중분류		소분류		세분류
(세립분과 조립분 어느 것이 많은지)	조립토 (자갈분과 모래분 어느 것이 많은지)	자갈질 G (세립분이 15% 보다 많거나 적거나)	자갈(G) (세립분이 5%보다 많은지 적은지)	고운자갈(G)	입도가 나쁜 자갈(GP)	입도가 양호한 자갈(GW)
						입도가 불량한 자갈균등입도자갈(GPu)
						계단입도자갈(GPs)
				세립분혼입자갈(G-F)(세립분이 M, C, O, V 중 어느 것인지)		실트혼입자갈(G-M)
						점토혼입자갈(G-C)
						유기질토혼입자갈(G-O)
						화산재혼입자갈(G-V)
			역질토(GF) (세립분과 M, C, O, V는 어느 것인지)			실트질자갈(GM)
						점토질자갈(GC)
						유기질자갈(GO)
						화산재질자갈(GV)
		모래질 S	모래(S) (세립분이 5%보다 많은지 적은지)	고운모래(S)		입도가 양호한 모래(SW)
					입도가 불량한 자갈(SP)	균등입도모래(SPu)
						계단입도모래(SPs)
				세립분혼입모래(S-F)(세립분이 M, C, O, V 중 어느 것인지)		실트혼입모래(S-M)
						점토혼입모래(S-C)
						유기질토혼입모래(S-O)
						화산재혼입(S-V)
			사질토(SF) (세립분과 M, C, O, V는 어느 것인지)			실트질모래(SM)
						점토질모래(SC)
						유기질모래(SO)
						화산재질모래(SV)
	세립토 F		실트(M) (액성한계가 50%보다 높은지 낮은지)			실트(저액성한계)(ML)
						실트(고산성한계)(MH)
			점성토(C) (액성한계가 50%보다 높은지 낮은지)			점질토(CL)
						점토(CH)
			유기질토(O) (화산회질이 있는지 없는지, 액성한계가 50%보다 높은지 낮은지)			유기질점질토(OL)
						유기질점토(OH)
						유기질재산회토(OV)*

흙의 공학적 분류체계(일본 통일토질분류)(계속)

대분류		중분류	소분류	세분류
(세립분과 조립분 어느 것이 많은지)	세립토 F	화산재질점성토(V) (유기질이 있는지 없는지, 액성한계가 50%보다 높은지 낮은지)		유기질재산회토(OV)* 화산재질점성토(I형) (VH1) 화산재질점성토(II형) (VH2)
		고유기질토(Pt) (섬유질이 있는지, 분해가 진행되고 있는지)		피트(Pt) 흑니(Mk)

* 동일한 것이 중분류상으로 2군데에 관계되어 있음

를 알 수 있다.

대분류는 조립분(組粒分), 세립분(細粒分) 및 유기물 함유비율에 따라 분류된다. 중분류, 소분류에서는 흙의 관찰과 입도분포에 의해, 세분류에서는 액성한계 및 소성한계에 의해 흙의 종류를 각각 세분화했다. 흙에는 여러 가지 성질을 나타내는 것이 많이 있다. 따라서 먼저 어떤 종류가 있는지를 알고 나서 이들 각각이 어떤 성질을 가지고 있는지를 아는 것이 흙을 재료로 취급하는 사람에게 매우 중요하다.

고생대, 중생대, 신생대 등의 지질연대는 어떻게 정해지는가

보통 지구가 형성되고 현재까지 약 46억 년 동안의 시간의 흐름을 지질연대라고 한다.

역사를 나타내는 방법 중에 고구려시대라 말하는 시대구분으로 표시하는 상대연대법과 서기 몇 년과 같이 표시하는 절대연대가 있듯이, 지질연대를 나타낼 때도 같은 방법을 사용하고 있다.

지질연대의 상대연대는 예로부터 선캄브리아시대, 고생대, 중생대, 신생대로 크게 나뉘고 대(代)는 다시 기(紀), 세(世), 기(期)로 나뉜다.

지질상대연대를 구분할 때 시계 역할을 하는 것이 지층이다. 지층은 오래된 것 위에 차례로 새로운 지층이 겹쳐서 형성되므로 순서가 바뀌는 일은 없다. 이것을 '지층누중(累重)의 법칙' 또는 '누중의 법칙'이라고 한다. 이 법칙에 의해 2개의 지층이 상·하로 중복되어 있으면 어느 쪽이 새것인지 결정할 수 있다.

대(代)	기(紀(世))			절대연대(단위: 100만 년)		
				(지금부터前)	(기간)	(기간)
신생대	제4기	충적세沖積世(완신세完新世), 홍적세洪積世(경신세更新世)			1.7	
	제3기	신제3기	선신세(鮮新世), 중신세(中新世)	1.7	22.3	65
		고제3기	점신세(漸新世), 시신세(始新世), 효신세(曉新世)	24	41	
중생대	백악기			65	78	182
	쥐라기			143	69	
	3량기			212	35	
고생대	2량기			247	42	328
	석회기			289	78	
	데본기			367	49	
	시르르기			416	30	
	오르도비스기			446	63	
	캄브리아기			509	66	
선캄브리아시대	원생대 시생대			575	4000	4000

그런데 지리적으로 떨어져 다른 장소에서 발견된 지층연대를 비교할 경우에는 이 방법이 쓰이지 않는다. 이때는 지층에 함유되어 있는 특정시대를 나타내는 특징을 가진 화석을 사용한다. 이 동시성을 확인하는 작업을 화석에 의한 지층대비라 하며 이와 같은 화석을 시준(示準)화석 또는 표준화석이라 한다. 지질시대별로 대표적인 시준화석을 표시하면 고생대는 삼엽충, 방추충, 중생대는 암모나이트, 신생대는 매머드 등이다.

지층누중의 법칙 및 화석에 의한 지층대비에서 정해진 상대연대는 시간적 길이를 기준으로 한 것이 아니어서 각 시대의 시간적 길이는 제각기 다르다. 그러나 1950년 이후 방사성 원소의 반감기를 시계로 이용한 '방사연대 탄소측정방법'이 연구되어 지질연대에 있어서 시간을 구체적으로 알 수 있다. 이것이 지질시대의 절대연대 표현방법으로 '지금으로부터 수만 년 전'이라고 나타낼 수 있다.

Plate tectonics(판구조론)이란 어떤 이론인가

베게너라는 학자는 세계지도를 보고 아프리카 대륙의 서쪽 해안선과 남아메리카 대륙의 동쪽 해안선 모양이 흡사하다는 것을 알게 되었다. 이로 인해 원래는 하나의 큰 대륙이었던 것이 2개로 나뉘어 남미대륙과 아프리카 대륙으로 나뉜 것으로 주장하게 되었다. 이것을 대륙이동설이라 한다. 이는 실제로 지구본을 잘라서 다시 보면 그 틀어짐이 매우 크고 거리로 환산하면 상당하다. 대륙이동설은 발표 당시에 당돌한 생각이라 여겨 세상에 전혀 받아들여지지 않았다. 그러나 그 후 지질학과 생물

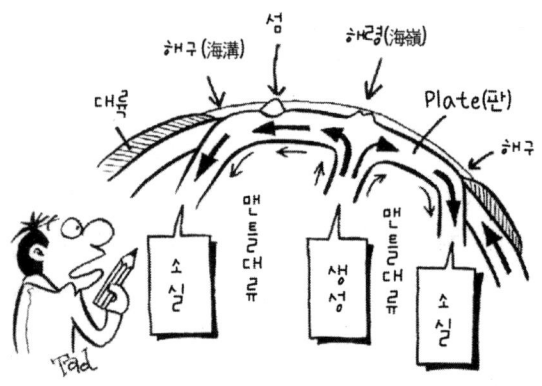

학, 지구물리학 등의 여러 관점에서 연구가 진행되어 지금은 거의 전면적으로 받아들여지고 있다.

세계에서 일어난 지진의 중심, 곧 진앙분포를 지도에 플로트해 보면 좁은 띠 모양의 지역에 거의 집중되어 그것들을 싸고 있는 넓은 지역에서는 지진이 거의 일어나지 않는다. 이 사실과 대륙이동설을 묶어 '지구의 표층부가 몇 개의 블록으로 나뉘어 그것이 차례로 운동하므로 경계부에서 지진이 일어난다'라고 생각하면 이해가 쉬울 것이다. 하나하나의 블록은 변형하지 않는 판과 같이 움직이므로 Plate로 불린다. 맨틀 상부의 비교적 부드러운 부분 위에 두께 70~100km의 딱딱한 수십 장의 Plate가 떠 있고 그 Plate가 지표에서는 변형하는 일 없이 운동하고 있다고 생각한다. 이 운동에 의해 지구상에서 일어나는 여러 가지 현상을 통일적으로 설명하는 가설이론을 Plate Tectonics(판구조론)라고 한다.

Plate가 서로 운동하고 있다면 ① 2개의 Plate가 서로 나뉘는 경계, ② 2개의 Plate가 서로 충돌하는 경계, ③ 2개의 Plate가 서로 스쳐 지나가는 3종류의 경계부가 생긴다.

①에서는 떨어져가는 2개의 Plate 틈을 메우듯이 지구 내부에서 고온의 마그마가 상승해 새로운 해양부가 생성되고, 이것이 식어 굳어져 새로운 Plate가 되어 좌우로 넓어진다. 이때 경계부 정상부에 단층이 생기고 비교적 약한 지진이 일어난다. 중앙 해령(海嶺)이 여기에 해당된다. ② 도호(島弧), 해구(海溝)와 조산대가 이것에 해당되고 해구에서는 해양 Plate가 대륙 Plate의 아래로 비스듬하게 잠기고 양 Plate 경계면상에서 계속적으로 지진을 일으킨다. 또 대륙을 실은 Plate들이 충돌할 경우에는 경계 부분이 왕성하게 솟아올라 히말라야 산맥과 알프스 산맥 같은 대산맥이 생겨난다. ③은 중앙 해령과 해구를 연결하는 가교역할을 하는 단층으로 변환단층(transform fault)이라고 불리고 있다.

달에는 정말 흙이 없을까

　달은 지구에서 가장 가까운 천체로 사람들에게 친숙하다. 최초로 달을 과학적으로 받아들인 것은 1609년 갈릴레오 갈릴레이가 직접 제작한 망원경으로 달을 관찰하면서부터였을 것이다. 그는 천상 세계에도 산과 골짜기가 있다고 말하면서 놀라워했다고 한다.
　달 표면에는 밝은 부분과 어두운 부분이 있다. 이 두 지역에서는 밝음이 다를 뿐 아니라 지형도 다르다. 어두운 지역은 옛날부터 달의 바다로 불렀는데, 태평양 해저와 같이 평탄하고 밝은 지역보다 낮은 곳에 있다. 밝은 지역은 달의 육지라고 불렀는데 그곳은 크고 작은 분화구로 꽉 차

있다. 이들 분화구는 기복이 심하고 고저차는 지구의 산맥처럼 수천 미터에 이르며 만 미터 이상의 높은 산도 있다.

달이 어떻게 형성되었고 그 표면의 이력이 어떠했는지는 아직 충분히 밝혀지지 않았지만 1969년에 아폴로 우주선이 채집해온 달의 암석과 월면에 설치한 월진계(月震計)의 측정기록 등을 통해 많은 사실을 알게 되었다.

그것에 의하면 달의 바다 부분은 대부분 현무암으로 이루어졌다. 현무암은 화산성의 일종으로, 달이 막 생겼을 때의 초기물질이 한 번 녹아 규산(SiO_2)의 많은 성분이 분리 유출되어 굳어진 것이다. 결국 달의 내부는 적어도 한 번은 녹았다는 증거다. 달에는 지구와 같이 풍화작용이 일어나지 않아서 흙이 없다. 지구의 옛 상태와 비슷하고 암석 외에는 먼지가 있을 뿐이다. 이 먼지의 약 절반은 유리 성분인데, 달 표면을 보행한 우주비행사가 발로 차서 흐트러뜨리면서 돌아다니는 것을 기억하고 있는 분도 많을 것이다.

달의 바다 부분에 있는 암석에서 형성 연령을 조사한 결과 약 30억 년에 이르는 것으로 나타났다. 즉, 그 당시의 달의 내부는 녹아 있는 상태

였었다. 또 그 시기에 형성된 암석은 강한 자성을 가지고 있고 내부가 녹아 지금의 지구와 같이 자기장을 가졌다는 것도 알 수 있다.

　달의 암석 중에는 40억 년 이상 오래된 것도 발견되어 달이 생성된 것은 그 이전임을 알 수 있다. 달과 지구성분 조성이 비슷한 것과 달 전체가 녹은 시기는 없었다는 사실에서, 적어도 지구와 거의 같은 환경을 가진 곳으로 같은 시기에 형성되었을 것이라고 생각된다.

　달의 암석을 상세하게 조사해보면 마이크로 크레이터로 불리는 직경 0.01mm 정도의 구멍이 무수히 뚫려 있는 것을 볼 수 있다. 이것은 태양 방향에서 날아온 직경 $0.1\mu m$ 정도의 미립자가 고속으로 충돌해서 생긴 것이다. 달에는 저항이 생기는 대기가 없으므로 현재에도 미립자에서 미혹성 정도의 것까지 다양한 크기의 것이 달 표면에 충돌해 지금도 크고 작은 여러 가지 분화구를 계속 만들고 있다.

지형학, 지질학, 토양학, 지반공학 등 비슷한 분야가 있는데 차이점은 무엇인가

　어떤 학문에서도 그 단독으로 완성되는 것은 없고 학문의 경계에 너무 지나치게 구애받으면 볼 수 있는 것도 보이지 않는다. 최근에는 '학제간 (學際間, interdisciplinary)'이라는 단어를 자주 듣는다. 학제란 다수의 다른 분야 전문가, 기술자가 결집하여 복잡한 일에 대응하는 것을 의미한다. 흙을 대상으로 취급하는 학문에도 지형학, 지질학, 토양학, 지반공학 등 여러 가지가 있다.

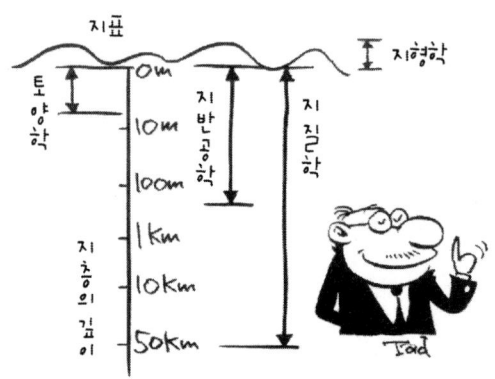

　지형학은 지표형태의 생성원인을 다룬다. 지형이란 지표면이 들쑥날쑥하므로 침식과 퇴적 등에 의한 발달사이다. 지형은 지반의 성질을 크게 반영하고 산지와 구릉, 저지 등의 지형에서 지반 내부의 모습을 추측할 수 있다.

　지질학은 지각 전체의 조성, 구조, 모든 과정의 역사를 연구 대상으로 한다. 지각의 두께는 대륙은 약 45km, 해양은 약 10km, 또 지표에 나타난 부분에서 지하에 잠겨 있는 부분까지도 포함하므로 해당 범위가 꽤 넓은 학문이다. 이 지질학은 층서학(層序學), 암석학, 구조지질학, 지사학 등으로 나뉘고, 지사학은 고지리학, 고기후학, 생물사 등으로 나뉜다. Plate Tectonics는 구조지질학의 분야이다.

　토양학은 토양, 결국 작물생산의 장소로서 흙의 생성, 성질, 지리적 분포, 이용을 연구하는 학문이다. 연구대상이 되는 깊이는 지각에서 보면 최표층의 부분에 해당되고, 지질학에 비하면 극단적으로 얇으며 5~6m 정도라고 한다.

　지반공학은 주로 구조물을 구축할 목적으로 지반의 역학적 특성을 밝히려는 것이다. 미고결성 지반을 대상으로 할 경우에는 '토질공학'(혹은 '토질역학'), 고결된 지반의 경우에는 '암반역학'으로 구별되지만 최근에는 둘 다 구별하지 않고 지반공학이라 불리고 있다. 지반은 위치에 따라 변화가 뚜렷하며 대개 명확히 선을 긋기가 곤란하다. 미고결성 지반은 깊어도 50m 정도지만 고결된 지반은 300m 부근까지 대상으로 하는 것도 있다. 최근과 같이 구조물이 대형화되면 응력이 깊은 아래에 있는 암반까지 도달하는 일도 빈번하고, 학제간의 영역을 구분하는 의미도 줄어들고 있다. 어쨌든 구조물을 안전하게 유지하기 위한 여러 가지 물성을 구하는 것이 그 목적이다.

이상과 같이 흙에 관련된 학문분야에서는 연구대상에 따라 대략적인 깊이로 분류하고 있다. 그러나 학문 간에는 학제적 관계가 더욱더 깊어진다. 예를 들면 지반공학의 입장에서 지반의 공학적 성질을 알기 위해 흙의 컨시스턴시 시험과 흙의 물리·화학 작용을 토양학에서 배워 도시 지반인 충적층의 생성작용을 지질학에서 배움으로써 보다 광역적이고 개괄적 판단이 가능해진다.

재미있는 흙 이야기

여러 가지 흙 2

2 여러 가지 흙

좋은 흙이란 어떤 흙인가

우리 인간은 흙으로부터 여러 가지 혜택을 받고 있다.

그중 하나는 식물을 성장시키는 밭의 흙이다. 지표면의 흙은 주로 화성암의 풍화에 의해 생성된 광물성 입상물질이고, 그 외에 물과 공기를 포함한다. 그중 가장 표층에 있는 부분을 A층위 또는 표층토라 하는데 식물의 생육에 필요한 수분과 여러 종류의 양분을 많이 포함하고 있다.

이들 수분과 양분이 식물에 흡수되려면 일정기간 그 양분을 보유할 필요가 있다. 이 같은 보유능력은 흙의 입자가 세밀할수록 높고, 모래와 자갈보다 점토가 뛰어나다. 그러나 너무 장기간 수분을 계속 보유하면 뿌리가 썩을 수도 있으므로 좋지 않다. 또 흙 안에는 미생물도 많이 살고 있어서 적당한 통기성도 필요하다. 그러므로 모래, 자갈, 점토입자가 적당히 섞인 것이 밭의 흙으로는 최적이다. 원예용의 흙으로 유명한 녹소토(鹿沼土)는 위의 조건을 만족하는 적당한 입자의 흙이다. 이 같은 표층토는 지표면 수cm에서 1m 정도의 매우 얇은 부분에 해당되며 일단 유실되면 그 후에는 식물이 살 수 없는 완전한 황무지가 되어버린다.

또 벽돌 등의 건자재나 도기 등의 일용품을 만드는 흙도 있다. 이를 위해 좋은 흙으로는 입자가 작고 고온에서 변질되어 딱딱해지는 성질을 가지지 않으면 안 된다. 이 조건을 만족하는 흙이 점토이다.

한편 건물 등을 지을 때는 어떤 흙이 바람직할까. 공기와 수분을 많이 포함한 흙은 무거운 것을 얹으면 곧 변형되기 때문에 바람직하지 않다. 건물의 기초로 좋은 흙이란 무거운 것을 확실히 지탱해주는, 결국 지지력이 큰 흙이다.

흙의 강도를 정하는 요인 중 하나는 밀도지만 함수량이 큰 흙은 밀도가 작고 변형량이 크게 된다. 이럴 경우, 물을 밀어내고서 밀도를 올리면 강도는 올라간다. 그러기 위해서는 물 흐름이 용이한 것이 좋다. 이런 조건을 만족하는 흙은 모래를 많이 포함한 사질토에서 생긴 층에 있고 대개는 이것을 지지지반(支持地盤)이라고 한다. 따라서 건물의 기초로는 모래와 자갈을 포함한 흙이 최적이다. 그러나 일본 해안 연안의 대도시 아래는 충적층이라는 연약한 점토층이 광범위하다. 이런 연약지반 위에 큰 구조물을 건조할 경우에는 지반개량을 하여 지반의 지지력을 높이는 토목기술이 필요하다.

관동평야를 넓게 뒤덮은 관동롬층의 기원과 그 특징은 무엇인가

관동롬은 원래 관동평야지대와 구릉을 넓게 뒤덮은 적토로 불리는 적갈색의 토양에서 유래된 것이다. 이 토양은 모래, 실트, 점토가 섞여 있어 토양학상의 분류로 롬(loam)이라 불리는 입도조성을 가지고 있는데, 관동롬은 이에 대한 토양학상의 명칭이다.

그런데 그 후 관동평야 대부분을 차지하는 두께 수십 미터에 이르는 후지산(富士山), 하코네산(箱根山), 팔악(八ヶ岳), 천간산(淺間山), 봉명산(棒名山), 적성산(赤城山), 남체산(男體山) 등의 관동평야 서쪽 및 북쪽 제4기 화산군에서 가져온 화산재, 경석(硬石), 암재(岩滓) 등을 주체로 한 화산쇄층물(碎層物)이 풍화한 것이라는 사실이 명확해졌다. 그중에는 멀

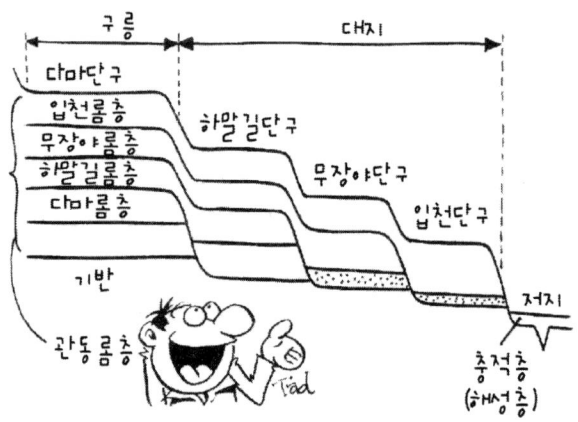

리 큐슈 화산재까지 포함되어 있는 것을 알 수 있다.

그래서 어느덧 이 화산이 가져온 쇄층물의 총칭을, 본래 입도조성과는 관계없는 호칭인 관동롬이라 부르는 습관이 생기게 되었다. 절벽이나 산이나 언덕 등을 깎아서 낸 길에서 관동롬의 적토단면을 보면 여러 층의 줄무늬 모양이 보인다. 이를 총칭하여 관동롬층이라 하고, 시대적으로 몇 개의 지층으로 구분되고 남관동(南関東)에서는 오래된 것부터 다마(多摩)롬, 하말길(下末吉), 무장야(武藏野)롬, 립천(立川)롬 4개의 층으로 구분한다. 또 군마현(群馬縣)에서는 3층, 상목현(橡木縣)에서는 4층으로 구분하지만 이 방법은 단구(段丘)가 결여되어 있는 화산지역과 침강지역에서는 적용할 수 없기 때문에 관동롬을 야기한 화산의 활동역사와 부정합의 형성시기 등을 중시한 구분방법이 있다.

롬층은 옛 지형면만큼 두터운 층으로 되어 있다. 예를 들면 다마면으로 불리는 지형면에서는 다마롬층 위가 모두 롬층인데 비해, 입천면이라는 지형면에는 입천롬층밖에 얹혀 있지 않다. 게다가 동경의 하정(下町) 방면의 충적면(沖積面)에는 롬층이 거의 없다.

관동롬의 양은 매우 광대하며, 이것이 관동평야를 점점 매립하듯이 육지를 늘렸을 뿐 아니라 대지를 침식에서 지키고 구릉화를 늦추는 역할을 한 덕택에 관동평야의 지형발달사에도 큰 영향을 미치고 있다고 할 수 있다.

관동롬은 고함수비성 점성토이기 때문에 교란되지 않은 상태로의 강도는 꽤 높지만 일단 교란되면 흙이 연약화되어 강도가 저하되는 특징이 있다. 이 때문에 성토재로서 사용할 경우에 다짐이 곤란하고 비가 내린 후에 시공기계의 주행이 불가능할 때도 있고, 겨울에는 서리가 현저히 발생하는 등 공학적으로는 활용성이 떨어지는 흙이라 할 수 있다.

큐슈 남부 백사지대의 백사라는 것은 무엇인가

백사(白砂, 시라스 : 화산재와 속돌의 화산층)란 백색의 단단한 석질이 전체적으로 넓고 두터운 지층을 말한다. 보통 백사로 불리는 것은 녹아도(鹿兒島)만 북부를 중심으로 녹아도, 궁기양현(宮崎兩縣)과 일부 구마모토현(熊本縣)에 걸친 4,712km^{2}의 분포면적을 가진 사질의 건조한 경석류 퇴적물을 가리킨다. 시라스의 어원은 '백사' 또는 '백주(白洲)'에 유래한다. 보통 중생층 또는 안산암 위에 두께 수십 미터에서 백 미터 정도의 층을 뒤덮고 있으며 그 상부는 화산재 토양으로 되어 있다.

고고학에서 말하는 구석기시대에 거의 근접한 홍적세 후기의 화산활동에 의한 화쇄류퇴적물이 기원이 되고 소재지인 큐슈 사람들은 하얗게 보이는 비용결부(非溶結部)와 2차 퇴적물을 시라스라고 한다. 용결해서 조금씩 검은빛을 띠는 암회색으로 보이는 부분은 회석(灰石)으로 구분하

여 부르기도 한다.

　백사지대란 백사로 된 지대로 일반적으로 깎아지른 듯이 우뚝 솟은 절벽이 되어 하천에 접해 있다. 남큐슈에 넓게 발달했지만 그중에서도 약 22,000년 전, 홍적세 후기에 현재의 녹아도만의 일부인 시량(始良) 칼데라와 아다(阿多)칼데라가 형성될 때 분출해서 열운(熱雲)으로 흘러내린 입호화쇄류(入戶火碎流)에 의해 퇴적물로 된 것이 백사지대를 형성하였다. 두께는 최고 150m에 달한다.

　그 성분은 주로 화산재, 경석, 암석편이며 흔히 말하는 층리(層理)는 볼 수 없다. 회백색으로 공극(孔隙)이 풍부하고 깊은 골짜기, 깎아지른 듯한 낭떠러지 특유의 경관을 나타낸다.

　백사지대의 표면은 두께 수십 미터의 화산재층에 덮여 있어 일반적으로 평탄하다. 밭농사와 논농사가 이루어지고 있지만 백사가 거의 점토를 포함하지 않고 수분과 양분의 보유력이 아주 나쁘기 때문에 밭은 가뭄이 들기 쉽고 논은 누수되기 쉬운 상태로 되어버린다. 또 백사가 직접 지표에 노출된 장소 또는 다시 퇴적된 곳에 만들어진 경작지는 평상시에 지하수위가 깊으므로 물이 부족하여 토양은 산성이 강하고 지력은 보통 토지의 절반 정도밖에 안 되는 상태이다. 그 때문에 점토를 섞거나 퇴비를 주는 등의 토질 개발이 실시되고 있다.

자연상태로는 수직에 가까운 급사면으로 자립하지만 강우 등에 의한 침식, 붕괴를 일으키기 쉽기 때문에 태풍이나 집중호우 시에 표류수, 지하수에 의한 절벽붕괴가 자주 일어난다.

이와 같은 백사지대는 자주 '~원(原)'(~하라, ~바루, ~하이) 등으로 부른다. 녹아도현의 십삼총원(十三塚原), 춘산원(春山原), 수천원(須川原), 립야원(笠野原) 등이 그 대표적인 예이다.

일반 흙과 다른 고유기질 흙이란 어떤 흙인가

죽은 식물이 섞인 흙을 유기질토라고 한다. 그중에 유기물 함유량이 50% 이상으로 유기물이 흙의 성질에 큰 영향력을 갖는 흙을 고유기질토라 하고 미분해 섬유질이 남아 있는 것을 이탄(泥炭), 분해가 진행되어 흑색을 나타내는 흑니(黑泥)로 분류한다.

고유기질토는 말라죽은 식물 유체(遺體)가 저온다습한 조건 하에 오랜 기간을 거쳐 분해가 불충분한 상태로 퇴적한 것이다. 퇴적환경이 일정 조건을 만족하는 곳은 어디나 있지만 일본에서는 북해도의 이탄이 유명하다.

고유기질토가 형성되기 위한 조건으로는 식물생육에 필요한 수분이 충분히 공급되기 쉬운 습지대로 하부(下部)에는 물을 가두어둘 수 있는

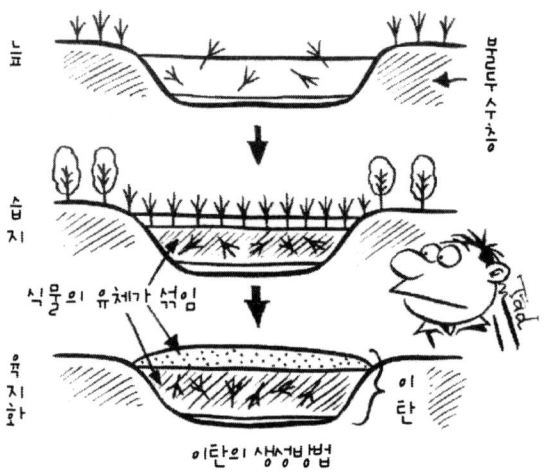

불투수층이 존재하고, 또한 식물의 생육에는 지장을 주지 않지만 유체의 분해를 억제하는 정도로 저온지대이어야 하는 점 등을 들 수 있다. 지형적으로 저지대의 범람원인이 되는 배후습지, 산사태와 화산분화에 의한 언지호(堰止湖), 호수와 늪 등과 같이 배수가 나빠 항상 수분이 과잉공급되기 쉬운 장소에 두껍게 퇴적되어 있다. 기후는 아한대·습윤한냉지대에 많이 발달한다. 이 지역은 평균기온이 1월은 영하 15℃ 이상, 7월은 20℃ 이하로 강우량이 증발량을 초과하는 곳이라 할 수 있다.

고유기질토는 일반적인 흙과 달리 가늘고 긴 섬유가 남아 있으므로 토립자를 입상체(粒狀體)로 가정하는 토질공학적 개념이 그대로 적용되지 못하는 경우가 많고 또한 퇴적환경으로 인해 현저한 이방성(異方性) 특성을 보이며, 일반적인 흙에서 볼 수 없는 인장강도도 있다.

고유기질토의 공학적 특징은 초연약, 고압축성, 저강도이다. 또 퇴적환경의 영향으로 지반은 불균일하고 깊이에 따른 변화가 심하다. 토입자의 간극에는 물과 공기를 함유하지만 고유기질토는 섬유 안에도 물을 저장하고 있다. 따라서 유기물 함유량과 분해 정도에 따라 차이가 있지만 함수비가 200~1,500%라는 현저하게 높은 수치를 나타낸다. 주요한 구성물질이 부식물이므로 밀도도 현저히 낮다. 지반 내부를 흐르는 지하수는 퇴적 시의 이방성으로 인해 투수계수는 수직방향에 비해 수평방향이 탁월하여 2~7배나 크다.

 섬유질이 남아 있어서 표본샘플링이 곤란하고 또 채취가 가능하더라도 시료에는 상당한 교란이 있다. 따라서 원 위치에서 베인시험과 콘관입시험에 의해 강도를 구하는 것이 적합하다.

일본해변의 모래언덕은 어떤 과정으로 생긴 것인가

 톳토리(鳥取, 사구砂丘: 모래언덕)는 톳토리현(鳥取縣) 동부의 해안의 연안에 있는 사구로 천대천(千代川) 하구 동부의 복부(福部), 빈판(浜坂)사구, 서안(西岸)의 호산(湖山)사구를 총칭하여 부른다. 대략 동서 16km, 남북 2km에 걸쳐 있지만 좁은 의미로는 빈판사구만을 가리키는 경우도 있다. 모래지반 환경 하에서 동식물생태가 학술적으로 귀중하므로 동반부는 일본의 천연기념물로 지정되어 산음(山陰)해안 국립공원에 속해 있다.

 일반적으로 모래언덕(Barchan)이란 바람에 의해 이동한 모래가 퇴적하여 형성된 언덕이나 제방모양의 지형을 가리키고, 모래의 공급이 충분하여 이동하면 할수록 건조되어 비교적 바람이 강한 곳에 형성되기 쉽다. 모래언덕의 크기는 길이 수 미터에서 수십 킬로미터, 높이는 수 미

터에서 수백 미터까지 다양하다. 생기는 장소에 따라 사막 모래언덕, 해안 모래언덕, 하천 모래언덕, 호반 모래언덕으로 나뉜다. 또 그 형태에 의해 초승달형 모래언덕, 횡렬 모래언덕, 종렬 모래언덕, 쐐기형 모래언덕, 장애물 모래언덕으로 분류되지만 이것은 모래가 퇴적하는 지반의 특성, 풍력, 풍향, 공급되는 모래 양 등에 의해 좌우된다.

톳토리 모래언덕 형성에 큰 원동력이 되는 것은 추계·동계의 북서계절풍으로 풍속 2m 내외의 약풍에 의해 아름다운 무늬가 생기고 10m 이상의 강풍이 불면 모래폭풍이 일어나 모래언덕의 모양이 변한다.

톳토리 모래언덕 내의 최고표고는 92m이다. 해안에 가까운 외측부분에는 모래언덕 형성이 현재도 진행 중인 곳이 있다. 반대편 내측은 황갈색 모래언덕으로 되어 있다. 전반적으로 기복이 크고 식물군락을 가진 움푹 파인 땅들을 많이 볼 수 있다.

모래언덕은 원래의 위치변화 여부에 따라 이동 모래언덕과 고정 모래언덕으로 나뉜다. 장애물이 없으면 모래언덕은 자유로이 위치를 바꾸지만, 일반적으로는 연강수량이 150mm 정도를 넘으면 식물이 우거져 모래이동을 막으므로 모래언덕은 고정화되기 쉽다. 모래언덕의 고정화는 조림에 의해서도 발생하지만 모래언덕의 이동으로 인한 거주지나 경작지의 피해를 막기 위해 인공적으로 행해지기도 한다.

　사막의 모래언덕은 고정이 곤란하여 관리를 잘못하면 모래의 재이동이 시작된다. 톳토리 모래언덕은 1785년 이후 모래제방을 이용한 조림사업에 이어 새로운 밭 개발도 시작되었으나 1896년 이후는 군대의 연습장소로도 사용되어 세 개의 모래언덕이 남게 되었다. 2차 세계대전 후 대규모 조림사업으로 모래제방을 설치하였으나, 북서방향으로부터 천연기념물지역으로 모래이동이 너무 약해져서 초원화가 진행되었기 때문에 '문화재 보호인지 녹화인지'를 오랜 세월 의논한 끝에 50.5ha의 보안림이 벌채되기도 하였다.

　사막 주변의 모래제방 숲 중에는 미국 알래스카주의 고품질 육류를 생산하는 목장이나 나이지리아 북부의 낙화생(落花生)기름을 대량으로 생산하는 밭 등이 있다. 톳토리 모래언덕 중에는 복부(福部) 모래언덕의 락교(중국 원산의 백합과의 다년초) 재배가 유명하다.

재미있는 흙 이야기

생활과 흙의 만남 3

3 생활과 흙의 만남

미용법에 진흙팩이 있는데 과연 효과가 있을까

아름다운 피부란 화장품의 선전광고에 나오는 것처럼 촉촉하고 살결이 고운 피부다. 그런 피부를 갖기 위해서는 피부의 수분을 지키는 보습성이 중요하다. 사실은 이 보습성을 구하기 위해 립스틱과 볼연지, 각종

파운데이션 등에 여러 종류의 점토가 사용된다.

 진흙(점토)팩이나 화장품에 사용되는 대표적인 것은 '몬모릴로나이트'로 불리는 점토광물에서 생긴 점토이다. 몬모릴로나이트는 점토광물 중에서도 초미립자로 비표면적이 크고(1g/800m^2, 테니스코트 3면 크기) 장미꽃잎과 같은 층을 이루고 있다. 또한 수분흡수가 쉽고 흡수하면 20배, 30배로 부피가 확장하여 극히 얇은 피막을 만든다.

 이것이 피부에 도포되면 피부표면에 얇은 피막을 만들어 수분증발을 막는 보습효과를 가져온다. 또 미립자 때문에 모공 속까지 파고들기 쉽고 또 몬모릴로나이트 결정이 음전하를 띠고 있기 때문에 이온교환에 의해 강한 흡착력으로 오염물질이나 노폐물을 끌어당겨 없애주는 효과가 있다.

 점토입자는 직경 5μ 이하의 미립으로 광물의 기초결정 구조층의 겹침방법과 결합력에 의해, 카올리나이트, 일라이트, 몬모릴로나이트 세 그룹으로 나뉜다.

 수소결합으로 이루어진 기초결정구조 입자 간의 결합력은 강하고 물 분자가 들어갈 여지는 없다. 그러나 판델르발스의 힘(Van der Waals's

force : 분자 간 인력)으로 결합된 입자들은 결합력이 약하고 층 사이에는 다량의 물과 양이온이 침입하기 쉬워 팽윤성이 높은 점토가 된다.

전자의 대표적인 것이 카올리나이트, 후자의 대표적인 것이 몬모릴로나이트이다. 이와 관련하여 몬모릴로나이트라는 명칭은 프랑스 산출지인 몬모리욘이라는 지명에서 따왔다. 이 몬모릴로나이트는 공학적으로는 문제가 많은 점토로, 지반 미끄러짐 발생지대나 온천 단층지대에 많이 보인다.

몬모릴로나이트는 Earth drill공법과 석유 채굴용 시추공의 공벽(孔壁) 붕괴방지를 위해 자주 사용되는 벤토나이트 용액의 주성분이다. 이것도 역시 미소립자에 의한 벽 간극으로의 우수한 침입성과 흡수에 의한 팽창성의 특성을 이용한 것이다.

더러운 물을 모래에 통과시키면 정화되어 깨끗해지는 것은 왜일까

'물을 모래에 통과시키면 깨끗해진다.' 이것은 오랜 옛날부터 전해지는 삶의 지혜다. 사람들은 땅을 통하여 대지로 뿜어 나오는 물이 청정한 것을 알고 있다.

두꺼운 모래층 안으로 천천히 물을 통과시키면 물 속에 함유되어 있는 부유물, 세균, 용해물 등이 제거된다. 이것을 모래여과법이라 하고 수돗물을 깨끗이 하기 위해 현재도 많이 사용하는 방법이다.

모래층에 원수(原水 : 하천·호수·지하수 등에서 취수된 물)를 통해

3. 생활과 흙의 만남

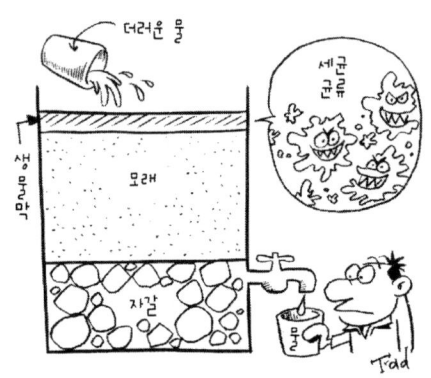

　최초로 나오는 물은 깨끗한 물이 아니다. 그러나 여과를 계속하게 되면 물에 포함된 토사의 미립자와 생물의 사체 등이 모래층에 머무르게 된다. 이 주위에 세균과 균류 등이 번식하면 얇은 젤라틴 같은 것이 모래 입자 표면에 형성된다. 이것을 여과막이라 하는데 이 막은 생물막으로, 수중에 산소(호기적 조건)가 있으면 물에 함유된 생물분해성 유기물과 암모니아를 정화한다. 이것을 생물학적 정화작용이라 한다.
　그러나 수중에 함유된 용존산소는 소량으로 오염이 심한 원수로는 여과기능이 없어진다. 여과조건이 변화하면 여과막이 박리기능의 역할을 하지도 못하고 유입수의 탁함이 높은 경우에는 막히기가 쉽다. 그 경우 표면의 생물막을 벗겨내고 새롭게 여과막이 성장하도록 기다리지 않으면 안 된다. 또 생물이 제거 가능하지 않은 경우도 있다. 이러한 방법은 여과에 시간이 걸리므로 완속여과라고 한다.
　완속여과법에 이용하는 여과지(池)는 모래층, 자갈층에 이어서 하부에는 집수장치를 설치한다. 여과지의 넓이는 하루 최대 급수량과 여과속도에 의해 정해진다. 여과속도는 4~5m/일이 표준이며 유입하는 원수의 오염도에 의해 변한다.

여과기능에서 중심적 역할을 수행하는 모래층의 두께는 표면을 떼어내는 것까지 생각하여 70~90cm, 모래입자는 석영질이 많은 딱딱하고 균등한 모래로 균등계수는 2 정도인 것이 좋다고 한다. 상부보다 하부로 향해 세립(細粒)에서 조립(粗粒)이 되도록 배열하고 최하단은 모래층을 지지하는 물을 집수하는 자갈층을 깐다.

이 같이 모래여과법은 모래 자체에 정화력이 있는 것이 아니라 모래입자 주위에 번식한 미생물이 정화의 주역이라 할 수 있다.

걸을 때 소리 나는 모래해변이 있는데 왜 소리가 날까

물질과 물질이 닿으면 소리가 나는 것은 잘 알려진 물리현상이다. 유리를 손톱으로 긁으면 듣기 싫은 소리가 나고 급브레이크를 걸면 끽 하는 무시무시한 소리가 난다. 이것은 모두 마찰에 의한 것이다. 물론 바이올린이나 첼로 현을 활로 문지르면 아름다운 소리가 나는 것도 같은 현상이다.

모래 중에도 마찰에 의해 소리를 내는 것이 있다. 그것은 '울리는 모래', '우는 모래' 등으로 불리는데 그 위를 걸으면 '꾹' 혹은 '꽉' 하고 소리가 난다. 영어로는 'musical sand', 'singing sand'라는 아름다운 이름이 있다.

현재 일본에서 소리를 내는 모래가 있는 재미있는 해변가는 약 90개 이상이며 특히 톳토리현(鳥取縣)과 궁성현(宮城縣)이 유명하다. 이 해안에는 '금빈(琴浜)'이나 '구구나리하마(十八鳴浜 : 구구 하고 울기 때문에)' 등 소리가 나는 것과 연관시켜 이름이 붙여지게 되었다.

연구자에 따르면 소리를 내는 해안모래는 석영을 65% 이상 함유하고 있다는 점에서 소리 나는 모래의 주체는 모래입자 중의 석영이라고 한다. 석영은 화강암에 많이 있다. 그리고 조암광물 중에서도 특히 딱딱하고 마모에 강하여 유리와 도기의 원료가 되는 무색으로 윤기 있는 광물이어야 하고 소리 나는 모래의 음색은 석영입자의 크기, 모양, 입도(粒度) 함유량에 의해, 소리의 크기는 입자의 크기와 분포에 의해, 또 소리의 높이는 그것들에 더하여 석영 함유량에 의해 영향을 미친다는 보고가 있다.

모래소리의 진폭에는 명확하고 탁월한 주기가 보이는데 처음 최고치에 이어 제2, 제3의 최고치가 나타난다. 이와 같은 특이한 성질은 바이올린 등의 소리와도 유사하다. 소리 나는 모래해변을 걸을 때 정말로 기분 좋은 소리로 느껴지는 것도 그런 특성에 의한 것인지도 모른다.

근래에는 해양오염과 해안지형의 변화 등에 의해 모래의 세립분(細粒分)과 유기물이 혼입되어 소리가 나지 않는 해변이 늘고 있다. 1997년 나호트카호의 중유 유출사고 때 교토부 금인빈(京都府 琴引浜)의 소리 나는 모래가 전멸될 위기에 처한 일도 있다.

추운 겨울 아침이라도 햇빛과 장소에 따라 서릿발이 서기도 하고 안 서기도 하는 것은 왜일까

겨울에 바깥 기온이 0°C 이하로 내려가면 지표면 부근의 간극수가 동결하기 시작하고 동결면이 차차 땅속으로 내려가 동결범위가 넓어진다. 이때 물이 흙 안에서 어느 정도 자유롭게 움직일 수 있게 되면 물이 땅속에서 동결면을 향해 흙입자 간의 틈을 지나가면서 얼음이 되어 마치 가느다란 기둥 같은 것이 생성된다. 이것이 땅에 맺히는 서릿발이다.

땅에 맺힌 서릿발은 땅 안의 물이 동결한 것으로 공기 중의 수증기가 얼어 서리와는 전혀 생성원인이 다르다. 얼음 아래쪽에서 점점 위로 늘어나 얼음기둥이 된다. 이 얼음기둥은 연직(鉛直)으로 생겨 그 길이는 때로 10cm를 넘지만 얼음기둥이 발생하는 것은 지표면 온도가 0°C 이하여야 하고 땅속의 온도는 0°C 이상이어야 한다. 물이 흙 속을 상승하는 것은 흙입자 틈의 모관작용에 의한 것으로 토립자 간극이 이 모관현상을 촉진하는 크기와 형태를 갖추는 것이 필요하고 이 때문에 토질에 따라 서릿발이 서기도 하고 안 서기도 한다. 일반적으로 모래땅과 점토에는 생기기 힘들고 관동지방의 적토에는 생기기 쉽다. 이 얼음기둥은 농작물을 말라 죽게 하기도 하고 녹으면 심하게 질퍽거린다.

이 얼음기둥과 매우 흡사한 메커니즘에 의해 발생하는 것 중에 동상(凍上 : 땅속이 얼어 땅이 들뜸)이라 불리는 현상이 있다. 이것은 겨울의 북해도와 같이 지면 속까지 동결하는 지역에서 자주 도로표면이 볼록볼록 올라간 상태가 되는 현상이다. 그 원인은 도로포장을 유지하는 노상토 안에 함유된 물이 동결되기 때문이다. 하지만 보통은 물이 얼어도 그 체적은 9% 정도밖에 늘지 않아 노상의 간극수가 전부 동결하더라도 도로에 융기가 생길 정도로 수십 센티미터나 부풀어 오르지는 않는다.

　북해도와 같이 너무 추우면 지표면 부근에 모관작용으로 상승하는 물이 급속히 얼어버려 물이 단지 동결할 뿐이다. 그러나 땅속 수십 센티미터 지점에 동결면이 있고 적당히 수분과 공기가 공급되는 조건을 갖추면 깊은 곳에 이 얼음기둥과 같은 메커니즘으로 아이스렌즈라는 얼음층이 형성된다. 주위의 구속조건이 다르기 때문에 이와 같은 모양이 된다. 아이스렌즈가 팽창할 때 커지려는 힘이 그 위에 얹혀 있는 흙과 도로포장보다 커지면 그 지표면과 포장노면이 올라가 동상이라는 현상이 나타나게 되는 것이다.

　포장면 아래에서 동상이 발생하면 그 포장은 파괴되므로 시공 전에 대책을 세울 필요가 있다. 흙 속의 온도가 0°C 이하일 것, 동결하기 쉬운 가벼운 토질일 것, 입자 사이에 물이 있을 것 이 세 가지 조건 중에서 어느 하나를 제거하면 되는 것이다. 보통은 모관현상으로 동결면에 물이 공급되지 않도록 노상의 흙을 모래로 바꾸어줌으로써 동상을 막는다.

보기에 같아 보이는 도기와 자기는 확실한 차이가 있을까

　도자기는 요업제품, 이른바 세라믹 제품의 대표적인 것의 하나로 점토 또는 그와 유사한 원료를 사용하여 모양을 성형한 후에 의도하는 성질을 얻은 것이나, 그 형상이 사라지지 않는 온도로 소성하여 만든 것을 말한다. 이는 일본에서 넓게 사용되고 있는 '소물(燒物 : 소성물)'의 총칭으로 토기, 도기, 석기(炻器), 자기(磁器) 4종류로 분류된다. 이러한 분류는 원료가 되는 점토종류에 따르는 것이 아니라 소성 시의 온도, 색, 유약의 유무, 흡수성 등에 의한다.
　토기는 화분과 같이 유약을 쓰지 않고 구운 것을 말한다.
　도기는 점토질 원료에 석영, 장석 등의 광물을 첨가해서 성형한다. 그런 다음 900~1300℃로 구워서 굳힌 후 유약을 바른 것을 말한다. 표면은 다공질성 때문에 흡수성이 있고 자기에 비해 견고함과 역학적 강도는 낮으며 두드리면 탁음을 내고 거의 빛이 통과하지 않는다. 조성에 따라 표면이 백색이며 식기로 자주 사용되는 도기류와 산화철 등의 불순물을 포함하고 있어 착색한 항아리류로 나뉜다. 전자 중에 특히 자기질 정도까지 구워낸 것은 경질도기라도 한다.

한편 자기는 양질의 점토, 석영, 장석(長石), 도석(陶石) 등을 성형하여 1300~1450°C로 녹을 정도까지 충분히 구운 것이다. 표면은 백색이며, 유리질로 도기와 달리 흡수성이 없고 빛을 통하는 성질이 있다. 또한 역학적 강도는 세고, 두드리면 높은 금속성 음을 낸다. 유약은 일반적으로 장석질의 것을 쓴다. 자기는 원료 중에 알루미늄 성분이 작고 소성온도가 비교적 낮은 연자기와 알루미늄 성분이 많고 소성온도가 높은 경자기로 나뉜다. 전자는 주로 미술공예품으로, 후자는 절연용 애자(碍子)나 일반 식기로 쓰인다.

석기(炻器)는 자기처럼 충분히 구워 흡수성은 없으나 유약을 쓰지 않고 대체로 색깔을 가지는 불투명성이라는 점이 자기와 다른 점이다.

도자기는 그 유용성만이 아니라 아름다움과 품질면에서도 가치가 인정된다. 그러나 역사적으로 보면 도자기 자체가 단순한 예술품의 형태로 발전하지는 않았다. 도자기를 접시나 항아리나 병(甁)이라는 명칭으로 부르는 것은 이들 각각이 본래의 사용목적을 의식한 상태에서 발전했기 때문이며 장식품도 역시 그 사용목적을 돋보이기 위해 붙인 것이다. 그렇기 때문에 각각의 실용성을 잃지 않도록 그 표면의 질이 제한되거나 사용하는 장식, 유약, 안료도 제한된다. 예를 들면 직접 불에 노출되는 목적을 가진 도자기 표면에는 내연성이 요구되고 식기로 사용되는 경우에는 유해한 원료사용은 제한되어야 한다.

부드러운 해안의 모래 위를 차가 지나갈 수 있는 것은 왜 일까

파도치는 해변의 가장자리에서 조금 떨어져 있는 건조한 모래 위를 걸으면 발이 빠지기 쉽고 자동차를 주행하기도 어렵다.

그렇지만 파도치는 가장자리의 젖은 부분은 단단한 느낌이 들어 걷기 쉽다. 백마에 올라탄 무사가 질주하는 것도 대개 파도치는 가장자리이다. 이 같은 장소는 자동차도 거침없이 달린다.

그렇다면 파도치는 가장자리의 모래는 왜 단단한 것일까.

모래가 물을 함유하면 강도가 증가한다고 단순하게 생각하는 것은 맞지 않다. 파도치는 가장자리에 서 있을 때 파도가 밀려오면 발 주위가 갑자기 부드럽게 느껴지는 것은 분명하다.

모래를 입경(粒徑)이 균일한 구의 집합이라고 생각해보자. 모래는 다짐도라는 단어로 대표되듯이 아무리 치밀하게 채워져도 약 26%의 간극

이 생긴다. 파도 가장자리의 모래는 꽤 치밀하게 채워져 이 같은 상태에 매우 가깝다고 생각되고 간극은 거의 바닷물로 가득 차 있기 때문이다.

이 같은 상태의 모래에 자동차 타이어가 얹히면 어떻게 될까. 모래는 변형하려고 하나 현재의 상태가 치밀하게 다져진 상태이기 때문에 변형하게 되면 구가 상대적으로 어긋나게 되어 부분적으로 체적이 늘어나게 된다. 이는 곧 간극의 체적이 늘어난 것을 의미하며 늘어난 간극을 채우기 위해 물이나 공기가 필요해진다. 이 현상을 잘 관찰해보면 타이어 주변이 한순간 하얗게 마른 듯이 보이는데 체적이 팽창한 부분이 그 주위에서 물을 흡수하기 때문에 그렇게 되는 것이다.

그러면 이런 사실을 강도증가와 어떻게 결부시킬까. 사실은 체적이 팽창할 때 주위의 물을 흡수하는 것은 팽창된 부분의 간극에 매우 순간적으로 강한 부압이 작용하기 때문이다. 주위의 물을 흡수함과 동시에 주위의 모래입자도 끌어당긴다. 이것은 외관상 모래입자들이 끌리어오게 되는 것이며 이것이 곧 강도증가의 원인이 된다.

다만 이 강도증가는 체적이 팽창하여 부압이 작용할 때만 생기는 것으로, 타이어가 통과해버리면 강도는 곧 원래대로 돌아간다는 사실을 잊지 말자.

재미있는 흙이야기

흙의 조사 4

4 흙의 조사

토질조사란 어떤 것을 말하는가

 최근 우주공간에 구조물을 구축하려는 계획이 진행되고 있다. 하지만 무중력의 우주와 달리 지구상의 구조물은 지반 위에 구축되므로 전 하중이 지반에 전달된다. 지반은 형성과정과 토질에 의해 성질이 크게 변화하며 같은 것은 없다. 안전하고 경제적인 구조물을 짓기 위해서는

그 구조물을 지지하는 지반의 성질과 강도를 파악하지 않으면 안 된다. 이같이 구조물을 짓기 위해 필요한 지반정보(토질분포와 공학적 성질)를 공사에 앞서 얻는 일을 지질조사라 한다.

조사는 크게 나눠 고결성 암반을 대상으로 하는 암반조사와 미고결성 토질을 대상으로 하는 토질조사가 있다. 목적에 따라 조사내용은 다르지만 어떤 경우에도 안전하고 경제적인 구조물을 짓기 위해 충분한 조사를 하지 않으면 안 된다. 그러나 지반은 눈으로 모든 내용을 확인할 수 없으므로 아무리 상세하게 조사를 해도 완전히 지반의 모습을 파악하는 것은 불가능하다. 잠수함 '노치라스호'로 해저여행을 하는 것처럼 철 두더지기 '펜쉴드호'로 땅속여행을 할 수 있다면 빠짐없이 지반의 모습을 확인할 수 있겠지만 안타깝게도 이 꿈은 아직 실현 불가능하다.

토질조사에는 현장조사에 추가하여 실내 토질시험도 포함되지만 일반적으로는 현장조사를 가리킨다. 토질조사를 크게 나누면 보링(boring), 사운딩(sounding), 샘플링 등 직접 흙을 관찰하여 판정하는 조사와 지진

파와 탄성파가 땅속에 전파되는 속도를 이용해 지반정보를 얻는 물리지하탐사법이나 지형측량, 항공사진 등을 이용해 간접적으로 판정하는 방법 등이 있다.

　대표적인 것은 보링조사로, 지반에 구멍을 뚫어 지층을 형성하는 토질의 종류, 두께 등을 파악하고 동시에 구조물의 하중을 지지하는 지지층을 찾아내게 된다. 또한 광범위한 지질을 조사하기 위해서는 수많은 보링을 실시하여 토질단면도를 작성하지 않으면 안 된다.

　사운딩은 파이프 또는 와이어 선단에 붙인 저항체를 땅속에 삽입하여 이것에 관입(貫入), 회전, 인발 등의 힘을 가하여 그 저항치로부터 토층상태를 파악하는 조사방법이다. N값을 측정하는 표준관입시험, 트로피카빌리티를 판단하기 위해 콘 지수를 측정하는 콘 관입시험, 연약점성토의 전단강도를 측정하기 위한 베인시험 등이 사운딩의 대표적인 조사방법이다.

　그 밖에 보링공을 이용하여 실내시험을 위한 시료를 채취하는 샘플링이나 원위치시험 등도 주요한 조사항목이다.

　보링조사는 극히 제한된 좁은 범위를 대상으로 하는 것에 비해 물리지하탐사법 등은 간접적인 지반 조사방법으로 광범위한 지역에 대한 개략적인 지질상황을 신속하게 파악할 수 있다. 주로 터널이나 댐 등을 시공하는 경우, 주변지반의 지질특성을 파악하기 위해서나 보링조사가 곤란한 해저지질조사 등에 쓰인다.

토질시험에는 어떤 종류가 있을까

기초 구조물의 설계를 위해서는 여러 가지 토질정수값이 필요하다. 단단함, 부드러움 등 지반평가도 중요하지만 최종적으로 지지력은 몇 톤, 침하량은 몇 센티미터 등 숫자로 나타내지 않으면 안전한 구조물을 지을 수가 없다. 토질시험은 흙을 시험하는 것에 따라 흙의 성질을 수치로 나타내기 위한 것으로, 목적에 따라 많은 종류의 시험이 있다.

토질시험방법은 흙의 판별과 분류를 목적으로 한 물리시험과 변형과 강도 등의 역학특성을 파악하기 위한 역학시험으로 크게 나뉜다. 전자로는 pH나 유기물 함유량, 수용성 성분을 조사하는 화학시험도 일부 포함하고 있다. 후자로는 전단시험, 압밀(壓密)시험, 다짐시험, 투수시험, CBR시험, 재하시험 등이 있다.

물리시험으로는 흙의 1차적 성질을 조사하는 토립자 밀도시험, 입도시험, 액성·소성·수축한계시험(컨시스턴시시험)이 있고, 이들은 그 흙에

특유의 성질을 나타낸다. 한편 흙에는 상태에 따라 변화하는 성질이 있다. 함수비시험이나 밀도시험에서 구한 값을 흙의 2차적 성질이라고 한다.

역학시험 중에 지반파괴와 변형을 검토하기 위한 흙의 전단저항력(τ), 내부마찰력(ϕ), 점착력(c) 등을 구하는 시험을 전단시험이라 하고 직접전단시험, 일축압축시험, 삼축압축시험 등이 있다.

또 압밀시험에 의해 압축지수(Cc), 압밀계수(Cv)를 구하는 것은 점토 침하량과 침하속도 산정에 필수적인 것이다.

다짐시험은 램머(rammer)를 쓰기 때문에 충돌다짐시험이라고도 불린다. 다짐을 했을 때 함수비와 건조밀도와의 관계를 곡선으로 그려 이를 이용하여 시공에 적합한 최대건조밀도와 최적함수비를 구하게 된다.

그 밖에 투수시험은 투수계수(k)를 구하는 시험이고, CBR시험은 도로 노상과 노반재료의 지지력을 측정하기 위한 시험이다. 그리고 재하시험은 기초지반의 허용지지력(K)을 구하는 시험이다.

물리시험은 일반적으로 손쉽게 실시 가능하지만 역학시험은 불교란(不攪亂)시료를 채취하지 않으면 안 되고, 흙의 종류에 따라 교란되기도 하고 채취 불가능한 경우도 있다. 그래서 물리시험결과에서 역학적 성질을 추정하는 방법이 제안되고 있고 실험 데이터도 상당히 집적되고 있다. 액성한계로부터 압축지수, 토립자 입경으로부터 투수계수를 추정하는 등 넓게 이용되고 있다. 그러나 이것은 어디까지나 추정치라는 것을 잊어서는 안 된다.

흙의 강도는 어떻게 측정하는가

지반의 지지력을 구하거나 사면안정, 토압계산 등에 필요한 흙의 강도, 내부마찰각(ϕ), 점착력(c)은 전단시험에 의해 구한다.

전단시험에는 직접전단시험과 간접전단시험이 있지만 모두 흙에 힘을 가해 그때의 저항치에서 강도를 구하는 토질시험이다. 직접전단시험은 흙의 전단면상의 강도를 직접 측정하는 방법으로, 대표적인 것으로는 직접전단시험, 벤 전단시험이 있다. 간접전단시험은 전단면을 고정시키지 않고 자유롭게 발생시키는 시험으로, 대표적인 것으로는 삼축압축시험과 일축압축시험이 있다.

직접전단시험은 한가운데 상하로 분리 가능한 경질의 용기(전단박스)에 공시체(供試體)를 넣은 후 수직방향에 하중(σ)을 가한 상태로 전단상자를 좌우로 이동시켜 공시체의 정확히 가운데 높이에서 전단되도록 힘

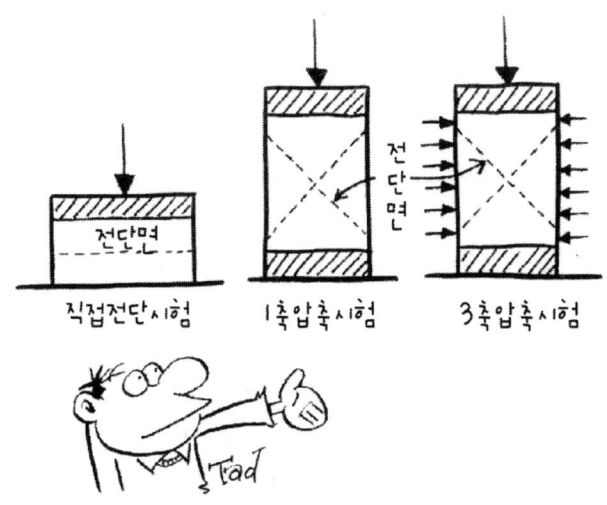

을 가한다. 그때 변위량과 저항강도(τ)를 측정한다. 상재(上裁)하중(σ)을 3~4단계 변화시켜 시험을 한 후 τ와 σ의 관계를 그래프에 그리면 직선식($\tau = c + \sigma \tan\phi$)을 얻을 수 있다.

베인시험은 4매의 장방형 판을 ＋자로 조합한 것을 이용한다. 판 상부에는 스테인리스 봉이, 또 최상부에는 토크메터가 설치되어 있다. 이 판을 땅속에 밀어 넣어 회전력(휨모멘트)을 주어 저항력을 측정한다.
이 시험방법은 시료채취가 불가능한 연약지반과 샘플링에 의한 교란이 염려되는 지반에 적합하다.

흙은 땅속에서 상하 및 수평방향의 압력을 받는다. 삼축시험은 가능한 한 지중 응력상태 그대로의 조건으로 시험을 한다. 원통형으로 형성된 공시체(높이는 직경의 2배)에 고무막을 씌워 기밀성이 높은 Cell 내에 세팅한 후 수압으로 측방압을 가한 다음 상하압을 가하면서 압축시킨다. 측압을 3~4단계 변화시켜 반복한다. 그 시험결과로부터 Mohr의 응력원을 그려 그래프에서 c와 ϕ를 읽어준다. 삼축시험기의 이점은 공시체의 상하부에 포러스 스톤을 설치하여 공시체 내의 물 흐름을 조절할 수 있다. 따라서 간극수의 제어는 땅속의 응력상태를 재현하기 위해서 없어서는 안 되는 장치이다.

일축압축시험은 점성토와 같이 내부마찰력을 기대할 수 없고 점착력만 발휘되는 흙에 적합한 시험방법으로, 삼축시험과 같은 원통형의 공시체에 연직방향만의 압축력을 가해 파괴시킨다. 일축압축시험은 삼축시험에서는 측압이 제로 상태라고 생각하면 된다. 간단한 시험이긴 하지만 사질토와 같이 입자부착력이 없는 흙에는 적당하지 않다. 또 물의 출입이 조정되지 않기 때문에 유효응력을 구하기 어렵다.

지반 보링조사로 무엇을 알 수 있을까

지반에 대한 보링조사는 예전에는 우물파기로 실시되었다. 근래에는 석유와 광물자원 탐사 혹은 온천발굴 등 다양한 목적으로 실시되는, 지하상태 조사의 대표적인 방법이다.

건설공사에 따르는 보링조사는 구조물의 대형화에 의해 구조물을 안전하게 지탱하는 견고한 지지기반 확인을 위해 필요해졌다. 지금은 토질조사라고 하면 보링조사를 가리킬 만큼 폭넓게 이용되고 있다.

길을 걷다보면 때때로 공사 시작 전의 빈 땅에 구멍을 뚫고 있는 것을 본 적이 있을 것이다. 이것이 보링조사다. 두꺼운 3개의 지지대로 망루를 세우고 소형의 보링기계가 설치되어 있으며, 망루 위에는 긴 철봉, 로드(rod : 장대)가 튀어나와 있다. 이 로드의 선단부에 비트(드릴 같은 것)를 설치하고 회전시키면서 땅속으로 직경 약 10cm 정도의 구멍을 파

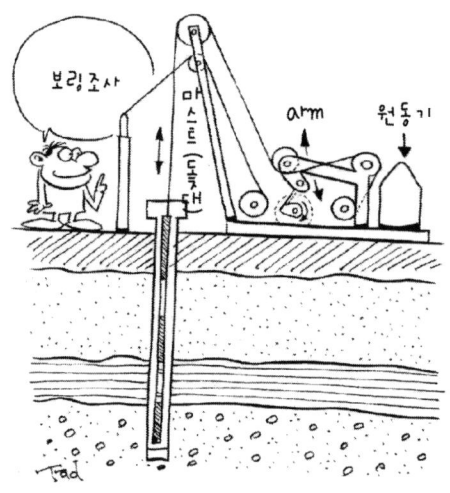

들어가면서, 구멍을 통해 흘러나오는 성분을 이용하여 비트가 절삭 중인 지층을 직접 관찰하여 토질을 판정한다.

보링조사에서 가장 중요한 정보는 지층을 구성하는 토질종류와 층의 두께, 그리고 공학적 성질 및 단단한 지지지반의 확인이다. 직접 만져보거나 눈으로 확인하거나 냄새를 확인할 수 있기 때문에 토질 판정에 가장 확실한 방법이다. 토질종류에 대한 판정은 숙련된 기술자에 의해 자갈, 모래, 실트, 점토 등으로 분류된다. 토질관찰은 상세하게 실시하며 자갈인 경우에는 직경뿐만 아니라 각진 모양인지 등에 대한 형상, 모래인 경우에는 고운 모래인지 거친 모래인지 등을 장부에 기록하게 된다. 흙의 색도 토질을 판정하는 것에 빠지지 않는 정보이다. 동일하게 보이는 점토라도 색조나 경도에 따라 홍적층이나 충적층으로 판정된다. 또 로드를 삽입했을 때의 저항으로 지반의 경연(硬軟) 추정도 가능하다. 게다가 지하수위의 확인도 가능하다.

보링공은 토질판정뿐 아니라 샘플링에도 이용 가능하다. 설계에 필요한 토질정수를 토질시험에서 구하기 위해 지반을 흐트러뜨리는 일 없이 원상태의 시료를 샘플링한다. 시료의 흐트러짐은 강도를 저하시킨다.

게다가 보링공은 원위치시험과 사운딩에도 이용된다. 특히 표준관입시험은 보링공 작업과 함께 세트가 되어 실시하게 되며 표준관입시험에서 얻어지는 N값은 무시할 수 없는 중요한 토질정보이다. 그 밖에 보링공을 이용한 투수(透水)시험도 손쉽게 가능하므로 자주 이용되고 있다.

이런 정보는 토질주상도(土質柱狀圖)라는 도면에 간결하게 정리되며 기초설계에 빠져서는 안 되는 것이다.

토질주상도에서 어떤 것을 알 수 있나

지반 안에 직경 약 10cm의 투명한 통을 눌러 넣고 끌어올렸을 때의 모양을 생각해보라. 통 안에는 그 지반의 프로필이 들어 있어 한눈에 지반의 모습을 알 수 있다.

이 같은 지반 내의 정보를 보다 알기 쉽게 도표와 그래프를 이용해 시각적으로 정리한 것이 토질주상도이다.

토질주상도에는 보링 데이터를 기준으로 지반을 깊이 방향으로 뚫어 내려갔을 때의 토질상태가 도표화되어 있다. 거기에는 보링조사에서의 굴착 중의 상황, 샘플의 관찰결과, 표준관입시험 등의 원위치시험결과, 토질시험결과 등이 기입되어 있다. 이러한 정보를 되도록 많이 넣기 위해 기호와 그래프를 이용하여 지반의 모양을 시각적으로 판단하기 쉽도록 표현하고 있다.

주상도의 주 정보는 우선 지층을 구성하는 토질의 종류와 층의 두께를

표고 (m)	깊이 (m)	층두께 (m)	토질기호	토질종류	N값
-1.5	1.7	1.7		매립토	
				점토	
				조개껍질섞임	
-9.6	9.8	8.1			
-11.9	12.1	2.3		모래	
				자갈	

명확히 하는 것이다. 특히 압밀침하를 일으킬 가능성이 있는 층을 찾아내고 그 층에서 배수층까지의 거리를 구한다. 토질시험을 위한 샘플링 위치도 주상도에 의해 결정한다.

또 구조물의 지지지반을 다른 정보와 합하여 결정한다. 지지층은 구조물의 기초형식과 항(杭 : 말뚝)의 길이를 결정하는 데 없어서는 안 되는 정보이다.

그 밖에 흙의 색, N값도 기입된다. 토질기호는 통일되어 한눈에 자갈, 모래, 실트, 점토를 구별할 수 있다. 토질 내 각종 부식물 등의 혼입상황은 지층의 연속성을 판정하는 데 귀중한 단서를 제공한다.

토질주상도의 또 하나의 역할은 토질단면도를 작성하는 것이다. 주상도는 지반 내부에 대해 하나의 선(線)에 대한 정보는 풍부하게 제공하지만 지층구조는 매우 복잡하기 때문에 약간만 떨어지더라도 큰 차이가 발생하는 것이 일반적이다. 구조물은 일반적으로 면과 노선을 확장해서 어느 정도 면적의 지질상황을 파악할 필요가 있다. 토질단면도는 단지 몇 개에서 많게는 수십 개의 토질주상도를 연속시켜 지층의 모양을 명확하게 한다. 지층은 수평으로 연속되어 있는 것만이 아니고 어떤 지점에서는 갑자기 절단되거나 소멸되어 있다. 이러한 점과 점 사이를 연결하는 것은 토질과 지질의 기초지식과 경험에 뒷받침된 판단력이다. 작은 정보도 놓치지 않고 보다 더 지반의 진실에 가까운 토질단면도가 요구되고 있다.

압밀침하량은 어떻게 예측하는 것일까

지반에 하중이 가해지면 시간의 경과에 따라 크든 작든 침하가 진행된다. 이러한 지반의 침하는 구조물에 큰 영향을 미치므로 지반을 개량하여 강화시키거나 침하량과 침하시간을 미리 예측하고 대책을 세워야 한다. 미리 침하량을 예측할 수 있다면 완공된 후 공용 중에 아무런 지장이 없도록 구조물을 만드는 것이 가능하다.

점토지반의 압밀(壓)침하량의 산정은 압밀시험결과를 이용한다. 압밀시험은 직경 6cm, 높이 2cm의 공시체에 하중을 실어 그때의 시간과 침하량의 관계를 읽어 들인다. 하중 1단계마다 24시간 적재하고 하중을 배로 증가하면서 6~8단계 반복한다. 각 하중에 있어서 최종침하량에서 간극비를 구하고 압밀하중과 간극비의 그래프(e-log p 곡선)를 작성한다. 이 그래프 위에서 하중증가에 따르는 간극비의 감소비율을 읽어 들이고 점토층의 두께를 구하면 최종침하량이 구해진다. 또 간극비의 감소비율은 하중을 log 스케일로 잡을 때 일정구간에서 직선을 이루기 때문에 이때의 경사를 이용하는 방법도 있다. 이 직선경사를 압축지수라고 한다. 체적압축지수도 대체로 일정치를 나타내기 때문에 이 값을 이용하여 압밀량을 산정하는 식도 있다.

이런 산정방식은 결국 테르자기(Terzaghi) 이론에 기초하지만 침하에는 간극수압의 소산(흩어짐)만으로는 설명할 수 없는 침하량이 존재한다. 배수에 따른 침하를 1차압밀, 그 후에 생기는 압밀을 2차압밀로 구분해서 부른다. 2차압밀은 크리프라고도 하고 압밀에 따른 골격구조의 재배치가 행해진 결과라고도 알려져 있다. 실제로는 1차와 2차는 명확하

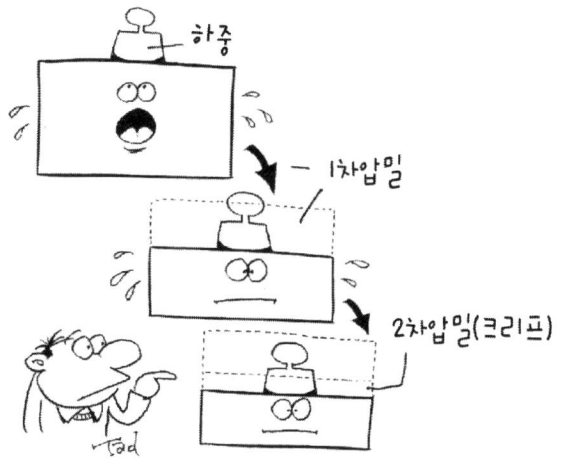

게 분리되어 있지 않고, 침하량은 양자를 합산한 것이 된다.

실제 공사에서는 지반이 균질한 것은 드물고 그 특성은 일정하지 않다. 또한 도로와 철도 등의 대상 구조물의 변형은 압밀시험과 같은 상하방향뿐 아니라 평면적으로 확장되기 때문에 침하예측과 실측치가 맞지 않는 경우가 많다. 특히 성토 등에서는 높이를 유지하지 못하면 공용에 지장을 초래하므로 시공 시에 여러 가지 계기를 설치하여 모니터링해가면서 공사를 진행하는 정보화시공이 행해지기도 한다.

간사이 신국제공항은 두꺼운 해성점토지반상에 축조되었다. 당초부터 압밀침하량이 10m를 넘고 공용 개시 후에도 침하가 멈추지 않을 것이라고 예측되었다. 그 때문에 압밀을 촉진하는 공법을 행함과 동시에 시공되는 구조물은 침하에 의해 유압잭으로 들어 올리도록 설계되었다.

지하수는 흙 속을 어떻게 흐르고 있을까

지층 중에 있는 간극을 채워 존재하는 물이 지하수다. 지하수면보다 아래는 지층이 물로 포화되어 있어서 포화층이라 하고 위는 물로 포화되지 않고 공기도 존재하므로 통기층이라 한다. 지하수면의 깊이는 장소에 따라 지표 가까이에서 1000m 또는 그 이상의 깊이까지 변화한다. 일본에서는 지하수면의 깊이는 5m 전후가 보통이고 20m를 초과하는 경우는 드물다.

평야와 충적계곡에 자주 분포하는 미고결의 모래층과 자갈층, 굳은 사암, 지반 내 공동이 발달한 석회암, 균열이 잘 발달한 화산암 등 충분한 양의 지하수를 전달할 수 있고 투수성이 좋은 지층을 대수층이라 한다. 반대로 점토층, 실트층, 조밀한 퇴적암 등은 투수성이 낮고 투수성 정도

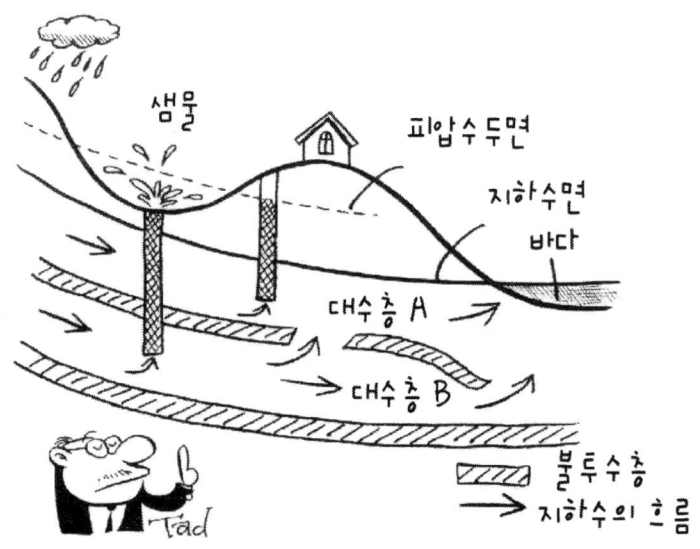

에 따라 불투수층, 난투수층, 반투수층 등으로 나뉜다. 이런 지층이 대수층 상부에 위치하는 경우 그 아래 대수층의 물에 덮개를 씌운 형태를 가압층이라 부른다. 이 때문에 지하수는 대기압과 같은 압력을 받고 있고 보통의 지하수면을 갖는 자유지하수와 이와 같은 가압층 아래에 있어 대기압 이상으로 가압되어 있는 피압지하수로 나눌 수 있다.

위의 그림은 2개의 대수층을 모식적으로 나타낸 것이다. 위에 있는 대수층 A는 자유수층으로 지하수면이 있지만, 대수층 B는 피압대수층으로 지하수면을 갖지 않는다. 이와 같은 피압대수층 안에 가압층을 파서 우물을 파면 그 수위는 일반적으로 상부가압층의 저면보다 높은 곳으로 되는데, 이 수위를 연결한 가상적인 면을 피압수두면이라 부른다. 피압수두면은 지표면보다 위가 되고, 이와 같은 경우 지하수는 우물로부터 자연적으로 뿜어져 나오게 된다. 이러한 분지는 단사(單斜)구조와 분상(盆狀, 분지)구조의 지역에서 전형적으로 보이고 오스트레일리아의 그레이트 아테지안 베이슨 지역은 그 좋은 예다.

흙 안의 지하수는 물리적 압력이 높은 곳에서 낮은 곳으로 흐른다. 위 그림에서 대수층 B의 지하수 흐름을 보면 어느 지점까지는 위치의 고저차에 의한 압력의 흐름이지만, 위에 있는 불투수층이 잘린 장소와 반투수층이 된 장소에서는 밀도의 고저차에 의하여 흐름이 변한다.

이와 같이 지하수의 흐름은 일정하지 않고 압력에 좌우되면서 물이 통과하기 쉬운 지반을 흐른다는 것을 알 수 있다.

흙의 투수계수 측정은 어떻게 할까

흙 속의 물의 흐름을 파악하는 것은 건설공사에 있어서 대단히 중요하다. 댐과 제방에서 누수량을 파악하거나 우물에서의 양수량(揚水量) 혹은 지하지반 굴착 시의 용수량에 따른 배수계획을 세우는 경우 등 거의 모든 공사에 물의 문제가 관계한다.

흙 속에는 여러 가지 형태의 물이 존재한다. 토립자 주위에 부착되어 있는 물, 강우에 의해 지반 안으로 흘러들어간 물, 열로 기화하여 수증기 상태인 물, 지하수나 지하수면에서 모관력(毛管力)으로 상승하는 물 등이 있다. 이 가운데 건설공사를 대상으로 하는 흙 속의 물은 거의 지하수이다.

흙 사이를 통과하는 물의 흐름의 용이함 정도를 투수성이라 하고, 토질역학에서는 투수계수(k : 단위는 cm/sec)로 표시한다. 투수계수는 자갈→사질토→실트→점토의 순으로 작아지고 그 값이 작은 만큼 물이 통과하기 어렵다고 할 수 있다. 이와 관련하여 대체로 자갈에서 k=1~10cm/sec, 모래에서 k=0.1~0.001cm/sec, 실트와 점토는 k=0.0001~0.0000001cm/sec 정도다.

물은 입자의 간극을 뚫고 흐르므로 기본적으로는 간극비가 큰 토질쪽이 흐름은 빨라진다. 그러나 점토지반에서는 총량으로서의 간극비는 크지만 물이 흐르기 위한 하나하나의 간극이 극히 작기 때문에 투수성은 극히 낮아진다.

흙 속을 흐르는 물의 속도는 일정 조건 하에서 법칙성을 갖는다. 곧 흐름이 층류(層流 : 유선流線이 평행으로 교차하지 않는다)나 정상류(유속이 일정)의 경우에 유속은 동수구배(動水勾配 : 어느 구간의 수두차를 그 거리로 나눈 것)에 비례한다. 이것을 Darcy 법칙이라고 한다. 일반적으로 자갈 이하의 토립자에서는 대부분의 경우 층류이므로 흙 속 물의 흐름은 Darcy 법칙이 이용된다.

투수계수는 각종 실내시험법 또는 현장시험법에 의해 구해지지만 실제 자연지반에서는 균일한 토질이 없고 설계를 위한 기초지반의 투수계수를 구할 경우 등은 현장양수시험법이 유효하다.

현장양수시험법은 현장에 1개의 우물과 2개 이상의 관측 우물을 굴착하여 우물에서 일정량의 양수를 하여 관측정에서 지하수의 변화를 관측(회복시간의 측정)하는 방법이다. 또 반대로 우물의 물을 주입하여 소산되는 시간을 측정하는 방법도 있는데 기본적인 개념은 양수시험법과 유사하다.

지반상황을 조사하는 사운딩은 어떤 방법으로 하는 것일까

지면에 봉을 박으면 부드러운 지반은 삽입이 쉽지만 딱딱한 지반에서는 쉽지 않다. 이와 같이 지반 중에 물체를 넣거나 빼거나 회전시키거나 하면서 그때의 저항치에서 지반 특성을 조사하는 방법을 사운딩이라 한다. 사운딩에는 표준관입시험, 콘 관입시험, 스웨덴식 사운딩, 베인시험 등이 있다.

표준관입시험은 사운딩의 대표적인 것이다. 이 시험은 보링로드의 앞에 레이몬드 샘플러로 불리는 직경 5cm의 2개로 나뉘는 원통관을 설치

하고 63.5kgf의 해머를 75cm 높이에서 자유낙하시킨다. 이때 레이몬드 샘플러를 30cm 관입시키기 위해 필요한 타격횟수를 N값이라 하는데, 이 N값은 흙의 강도, 다짐상태 등의 지표로 사용된다.

N값은 응용범위가 넓으며 지반에 대한 사운딩의 가장 중요한 값이다. 이 N값은 지층의 깊이에 따라 기록하며 이로써 그 지층의 상황을 추정할 수 있다. 대개 표준으로 N값의 30 이상은 단단한 지층, 5 이하는 연약한 지층으로 볼 수 있다. 또 사질토와 같이 지반이 딱딱하거나 입자 간에 부착력이 없어 토질시험용 시료채취가 불가능한 경우에는 이 N값을 이용하여 모래의 내부마찰각을 추정하는 Meyerhof법 등의 각종 제안식이 있다.

표준관입시험에서 채취한 흙은 직접 관찰 가능할 뿐 아니라 간단한 물리시험용으로도 쓰인다.

원추형의 콘 관입시험기(cone penetrameter)를 인력으로 지반 내에 삽입하여 저항치를 측정하는 콘 관입시험으로 콘 지수를 얻을 수 있다.

콘 지수는 건설기계주행의 난이(trafficability) 지표가 되는 값이다. 콘 관입시험기는 단관식과 2중관식(네덜란드식)이 있고, 흙 속에서는 측면 마찰의 영향이 크므로 2중관식을 이용해서 마찰력을 분리해서 측정하는 방법이 보다 적합하다.

스웨덴식 사운딩시험은 로드 앞에 스크류 포인트를 설치하고 상부에 추를 올려가면서 하중과 관입량을 측정하게 되는데 하중은 100kgf까지 가한다. 그 후 관입이 정지하면 상부의 핸들에 회전을 가한다. 이 하중과 회전수와 관입량의 관계를 기록하고 관입저항치를 구하여 흙의 단단한 정도, 토층의 구성을 판정한다.

베인시험은 주로 연약한 점성토의 전단력을 원위치에서 측정하기 위해 행하는 사운딩이다.

사운딩은 그 지반에 적합한 방법을 선택하는 것이 중요하다. 또한 손쉬운 반면에 기능과 정도(精度)에 난점도 있고 다른 조사수단과 병용함으로써 그 효과가 발휘된다. 예를 들면 보링조사의 경제적 부담이 큰 점을 고려하여 보링조사 위치 사이는 사운딩의 정보로 보완하고 토질단면도를 작성하는 일 등이 행해진다.

암석의 경도는 어떻게 측정할까

일본 열도는 북에서 남으로 척량(脊梁)산맥이 이어져 산악지대를 통과하는 많은 터널이 존재한다. 대부분의 산악지대는 암반으로 되어 있어 터널공사는 암반과의 싸움의 역사였다.

암석의 종류는 지구 내부의 마그마에서 형성된 화성암, 바다나 하천, 호수 등에서 형성된 퇴적암, 이들이 2차적으로 변화해서 생긴 변성암의 3가지로 나뉜다. 이들 암석의 강도는 매우 크며 특히 틈과 같은 결함이 존재하지 않는 화성암 등은 1cm²당 1.5톤의 무게를 지탱할 수 있다. 이것은 콘크리트 10배 이상의 강도이다. 단, 이 같은 강도는 암석의 종류에 따라 다를 뿐 아니라 층리(層理)와 성인(成因)에 의해 크게 달라진다. 일반적으로 새로운 시대에 생성된 암석보다는 옛날의 암석이 더 치밀하고 단단하며 지질연대에 따라서도 다르다.

암석의 강도는 암석에 힘을 가했을 때 암석이 파괴된 순간의 힘을 계측하는 각종 실내시험에 의해 얻어지기도 하며, 해머로 타격했을 때 불꽃이 일어난다, 맑은 소리가 난다 등의 간단한 판정법도 있다.

그러나 실제 암반은 크고 작은 여러 가지 갈라진 틈과 절리(節理)를 갖고 있기 때문에 암반을 구성하는 암석 자체의 강도보다 암반 전체로서의 역학적 성질이 중요하다.

암반의 강도는 원위치암반시험으로 구할 수 있지만 매우 많은 노력과 비용이 들기 때문에 여러 번 실시하는 것은 곤란하다. 또 얻어진 값이 반드시 지반을 대표하는 값이라고는 할 수 없다. 그래서 암편을 파괴하지 않고 암반의 탄성파속도에서 강도를 구하는 방법이 병용된다. 이 방법은 측정하고 싶은 암반을 해머의 타격이나 다이너마이트 폭파에 의해 진동을 일으키고 떨어진 위치에서 진동파를 수신하여 그 사이에 소요된 시간을 측정함으로써 탄성파속도를 구한다. 이 탄성파속도가 빠를수록 단단한 암으로 판단된다.

실제로 구조물을 설계·시공하는 경우는 암반의 강도만이 아니라 변형성과 투수성 등에 의해 암반의 분류가 필요하다. 암반분류는 암석강도, 탄성파속도, 절리, 균열간격 등에 의해 조합된다. 이 분류방법은 대상 구조물(터널, 댐, 도로, 철도 등)의 차이에 따라 약간 다르다.

이 같은 분류를 기본으로 실제 공사에서 굴착 시에 브레이커로 할 것인지, 발파를 사용하지 않으면 무리인지 등을 판정한다.

점토의 입경은 어떻게 측정할까

물체의 크기를 측정하는 방법은 여러 가지가 있다. 그중에서 직접 계기를 가지고 측정할 수 없는 경우가 많은데 그럴 때는 빛과 소리 등을 사용하여 간접적으로 측정한다. 예를 들면 지구와 같이 큰 것은 위성에서 반사되는 전파를 2점 사이에서 측정하여 구하거나 세균과 같이 작은 것은 전자현미경으로 들여다보기도 한다.

자연상태의 지반은 일반적으로 여러 가지 입경의 흙의 집합체이다. 그래서 지반공학에서는 입경 75mm를 경계로 그 이상의 것을 암질재료, 그 이하의 것을 토질재료로 대별한다. 토질재료는 자갈, 모래, 실트, 점토로 분류되고 점토는 입경 5μ(0.005mm)보다 작은 입자로 정의한다. 점토 안에는 콜로이드로 불리는 입경 1μ(0.001mm) 이하의 미립자가 포함되어 있다.

토립자의 크기와 혼합비율을 구하는 시험을 입도분석이라고 한다. 자갈과 모래와 같이 비교적 큰 것은 일정 크기의 체(체눈의 간격이 입경)를 이용해서 그 체를 통과하는지 아닌지로 입경을 측정할 수 있다. 그러나 체눈에는 한도가 있고 75μ 이하의 입자는 이 방법으로는 측정이 불가능하다.

이 같은 세립자의 입도분석은 '수중을 침강하는 구의 속도는 입경에

따라 다르다'라는 '스톡스(Stoke) 법칙'을 기초로 하여 행한다. 스톡스는 점성을 가지는 액체 속을 구형의 입자가 낙하할 때 입자는 중력의 가속도와 액체의 점성저항 때문에 일정한 크기의 속도를 갖는다고 생각했다. 즉, 점성 액체 내에서의 입자 낙하속도는 입자의 밀도가 같으면 큰 입자일수록 빠르고, 작은 입자일수록 늦어진다는 것이다.

점토와 같은 세립자의 입경측정법은 이 원리를 응용한 것이며 '비중계법'이라 불린다. 흙을 물에 풀어 현탁액을 만들고 이 현탁액 밀도의 시간적 변화를 비중계를 이용하여 측정한다. 그리고 어느 깊이에 있어서의 비중으로부터 입경과 통과질량률을 계산하여 구하는 것이다. 점토입자는 굳어져 있거나 유기물을 포함하는 일이 많으므로 약품을 써서 전처리를 행하고 입자와 입자를 완전히 분산해놓는다. 또 침강 시에 입자들이 결합하여 덩어리를 만들기 쉬우므로 분산제를 가하는 것도 잊지 말아야 한다.

그 외의 측정방법으로는 현탁액 내에 놓여 있는 천칭에 퇴적하는 토립자의 누계질량을 측정하는 '침강천칭법'과 현탁액에 빛을 쏘여서 투과한 빛의 강도에서 토립자의 분포를 추정하는 '광투과법'이 있다. 또 직접 현미경으로 입경을 측정하는 방법도 있으나 시간이 걸리고 실용적이지 않다.

어느 경우에도 점토입자의 형상은 구형이 아니고 토립자 밀도도 모암의 광물이 다르면 일정하다고 할 수 없으므로 약간의 오차가 발생할 수 있다는 사실을 염두에 둘 필요가 있다.

재미있는 흙이야기

흙의 공학 5

5 흙의 공학

흙의 강도를 나타내는 전단강도란 무엇인가

흙이 외력을 받으면 흙 안에 있는 평면상에는 평면과 평행방향으로 흙 입자가 맞물려 미끄러지려고 하는 힘이 발생한다. 이러한 힘을 전단력이라 한다. 이것에 반하여 흙입자가 미끄러지지 않으려고 대항하는 저항력이 발생한다. 그러나 이 두 힘 중에서 전단력이 증가하면 변형은 증가하고 결국에는 흙이 파괴된다. 흙의 강도란 이때 흙이 나타내는 전단력에 대항하는 최대의 저항력을 말하며 전단강도(τ)로 표시된다.

이 전단강도는 흙의 변형과 파괴에 관한 여러 현상을 설명하는 데 활용되는 토질공학에 있어서 중요한 용어이다.

$\tau = c + \sigma \tan \phi$

c : 흙의점착력(kgf/cm^2)

ϕ : 흙의전단저항각, 또는흙의내부마찰각(°)

σ : 수직응력(kgf/cm^2)

　전단강도는 위 식과 같이 나타내고 흙의 점착력(c)과 흙의 마찰력($\sigma \tan \phi$)의 2개의 항으로 성립된다. 이 식을 쿨롱(Coulomb)의 식 또는 쿨롱의 파괴규준이라 한다.

　점토세공을 만들려고 점토를 반죽할 때는 많은 힘을 필요로 한다. 이것이 점착력이다. 흙의 점착력은 미세한 토립자의 표면에 흡착되어 있는 수분자의 점성과 입자들의 결합력에 의한 것으로 상재하중에 관계없이 일정하다.

　점착력은 점토광물의 종류와 비표면적 혹은 함수비 등의 영향을 받는다.

　흙의 마찰력은 입자 간의 맞물림에 의한 것이다. 그러므로 입자가 거친 만큼 마찰력이 크고 매끄러운 만큼 마찰력은 작다고 할 수 있다. 마찰력은 점착력과 달리 상재하중에 비례해 커진다.

　입자와 입자를 맞물리게 하여 미끄러지게 하면 입경이 큰 사질토는 마찰력으로 저항하지만 점토와 같은 미립자는 마찰력은 약하고 오히려 입자 간 점착력으로 저항한다.

　전단강도는 여러 조건에 영향을 준다. 내부마찰각 ϕ의 값은 대략

30~45° 정도이나 c는 흙에 따라 크게 달라진다. c, ϕ는 전단시험에 의해 구해지지만 토질, 배수조건, 하중조건, 재하 후의 경과시간 등을 고려하여 가능하면 실제 조건에 가까운 상태로 시험을 행할 필요가 있다.

흙의 컨시스턴시란 무엇인가

밀가루에 점차 물을 더하면 처음에는 부슬부슬하여 뭉쳐지지 않지만 물의 양을 늘림에 따라 다루기 쉽고 빵과 같이 자유로운 모양을 만들 수 있다. 더욱 더 물을 계속 가하면 질퍽질퍽하게 되어 빈대떡을 구울 때와 같이 흘러내리는 상태가 된다.

흙도 이와 똑같이 함수비의 많고 적음에 따라 액상체(질퍽질퍽) → 소성체(끈적끈적) → 반고체(부슬부슬) → 고체(완전히 똑똑 떨어지는)로 서

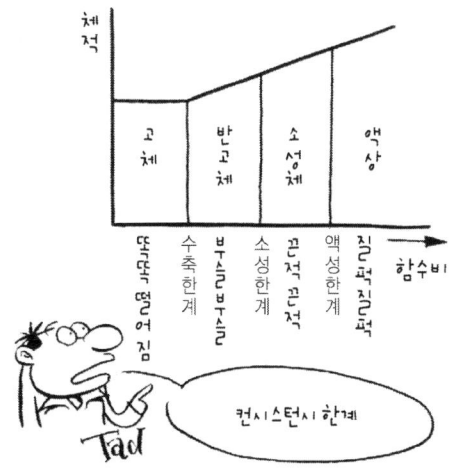

5. 흙의 공학

로 다른 특성을 보인다. 소성이라는 것은 힘을 가해도 부서져 나뉘는 일 없이 체적의 변화도 없이 힘을 제거해도 변형이 그대로 남아 간단하게 여러 가지 모양을 만들 수 있는 상태를 말한다.

이와 같이 흙은 함수비의 변화에 따라 부드럽기도 하고 딱딱하기도 하여 외력에 의한 변형, 유동에 대한 저항이 변화한다. 이런 흙의 저항 정도(끈기도)를 '컨시스턴시(consistency : 반죽질기)'라고 한다.

특히 점토와 같은 작은 입자가 많은 흙(수분의 영향이 큰 흙)의 성질은 컨시스턴시를 결정하는 것이 토목재료로서의 적합성을 파악하는 것 이상으로 중요한 지표이다.

또 흙의 액상체, 소성체, 반고체, 고체 각각의 경우의 함수비를 '컨시스턴시 한계'라고 한다. 각각 '액성한계', '소성한계', '수축한계'라 하고 이 한계치를 구하는 데는 여러 가지 규정된 시험방법이 있다.

이 중에서 소성한계에 있는 흙은 강도가 높고, 도로공사와 제방공사에 있어서 가장 다짐이 잘되는 상태이다.

게다가 액성한계와 소성한계의 차이를 소성지수라고 한다. 이는 그 흙의 소성상태의 범위를 표시하는 것으로 흙의 분류상 중요한 지표가 된

다. 입자의 수분 보유력이 작은 흙에서는 이 폭이 협소하고, 적은 함수비의 변화로 고체로부터 액체로 바뀐다. 점토와 같은 비표면적이 큰 광물은 표면에 다량의 수분을 보유할 수 있어 소성지수가 커진다. 그중에 고활성점토로 알려진 몬모릴로나이트계가 특히 그러하다.

흙의 밀도와 수분은 어떤 관계가 있을까

공학에서 말하는 '밀도'란 일정의 체적(단위체적) 중에 어느 정도의 물질(질량)이 채워져 있는가의 비율을 나타낸 것으로 단위는 g/cm^3 또는 t/cm^3 등으로 표시된다. 밀도는 흙만이 아니라 여러 가지 물질의 기본적인 상태를 표시하는 물리량이다.

흙의 밀도는 지반의 단단한 경우를 표시하는 중요한 지표이다. 가득찬 흙이 결합되어 있는 지반은 밀도가 높고 외력을 받을 때 간극이 작아서 변형하기 어려워진다. 부드러운 지반에서는 밀도가 낮고 간극이 커서 변형이 쉽고 불안정한 지반이 된다.

흙의 조성은 토립자(고체), 물(액체), 공기(기체)의 3개로 구성된다. 물과 공기가 섞이지 않은 흙의 실질 부분이 토립자이다. 여기에서 공기의 질량은 거의 무시할 수 있기 때문에 실제로 밀도를 결정하는 것은 물과 토립자의 질량이 된다.

물의 밀도는 엄밀하게는 $3.98°C$에서 $1g/cm^3$이고 토목공학에서는 온도에 관계없이 $1g/cm^3$로 이용된다. 토립자의 밀도는 포함된 광물에 좌우되지만 일반적으로는 $2.5 \sim 2.8 g/cm^3$ 정도이다. 일정 체적의 흙에서는

　밀도가 높은 토립자가 많이 포함되는 만큼 전체의 밀도도 높아진다고 할 수 있다. 그러나 토립자는 입자형태이므로 체적 전체를 토립자만으로 보는 것은 불가능하다. 반드시 입자와 입자의 틈(간극)이 생기기 때문이다.
　따라서 고밀도의 흙을 얻기 위해서는 어떻게 하든지 이 간극을 축소시켜야 한다. 그러기 위해서 외측에서 힘을 가하여 강제적으로 간극 속에 함유된 공기와 물을 빼내어 토립자로 옮겨놓을 필요가 있다. 이때 물은 입자의 위치이동이 쉽도록 윤활유 역할을 한다.
　이와 같이 흙이 토립자와 공기가 아닌 최적의 수분량으로 가득 차 있는 포화상태가 그 흙의 최대밀도를 나타내고 안정된 상태라고 할 수 있다.
　지반구조물 설계 시 흙의 밀도는 중력가속도를 고려하여 흙의 단위 체적 중량(kN/m^3)으로 이용된다.

흙을 다지면 정말 강해질까

 토목이라는 단어가 축토구목(築土構木)에서 온 것처럼 옛날부터 사람들은 흙을 쌓아 제방과 저수지와 도로를 만들고 나무를 조합하여 다리를 놓아왔다. 흙은 도로와 철도의 성토, 제방, 택지의 조성 등에 대량으로 이용된다. 흙은 콘크리트와 함께 중요한 건설재료이다.
 흙을 건설재료로 사용할 경우에는 목적에 맞는 양호한 상태로 이용하지 않으면 안 된다. 양호한 상태란 강도가 높고, 외력을 받아도 파괴와 변형을 일으키지 않을 것, 또 제방과 댐 등에서는 물이 누수되지 않는 것이다.
 흙은 무수히 쌓여 겹쳐진 토립자와 그 입자와 입자의 틈을 채우는 공기나 물의 부분, 즉 간극으로 되어 있다. 이 간극이 감소하여 입자가 접근하면 토립자 상호간의 부착력이 증가하고 맞물리는 힘이 강해지고 강도가 높아진다. 흙이 완전히 건조했을 때의 질량, 결국 토립자만의 질량(ms)을 전체적(V)으로 나눈 값을 '건조밀도'라고 부르나 일반적으로 건조밀도가 큰 만큼 흙의 강도는 높아진다.
 여기서 외부로부터 힘을 가하여 속에 들어 있는 공기와 물을 강제적으로 배제시켜 토립자가 점하는 비율을 높이고 흙을 강하게 하는 것이 행해진다. 이와 같은 작업을 '다짐'이라고 한다. 이 다짐작업이 역학적으로 안정성 높은 토구조물을 만든다. 이른바 지반의 지지력을 높이게 된다.
 다짐 방법에는 정적인 것과 동적인 것이 있다. 도로공사에서 자주 눈에 띄는 타이어롤러는 정적 하중으로 최적의 수분량으로 조절된 흙을 일

정 두께로 깔아서 확장하고 반복 전압(轉壓)하여 다짐하는 방법이다. 동적 하중에는 램머로 충격하중을 주기도 하고 바이브레이터를 지중으로 밀어 넣고 지반을 진동시키면서 단단히 다지는 방법이 있다. 또 거대한 쇠공을 높게 매달아 급격히 낙하시켜 충격하중을 주는 것도 있다.

결국 단단히 다질수록 건조밀도는 커지고 흙은 강해진다.

그러나 예외적으로 단단히 다져도 강도가 강해지지 않거나 단단히 다지면 다질수록 강도가 저하되는 흙도 있다. 대표적인 것으로는 화산 회 질점성토의 관동롬, 함수비가 높은 점토 등을 들 수 있다.

흙의 성질과 수분은 어떤 관계가 있을까

 흙의 작은 입자들을 덩어리로 만들려면 물이 필요하다. 바짝 건조한 흙은 퍼석퍼석하고 바람이 불면 날아가버릴 듯이 입자 간에 부착력이 없다. 손으로 잡아서 움켜쥐어도 굳어지지 않고 손가락을 펴면 곧 무너진다. 그래서 조금씩 물을 가하면 점차적으로 움켜잡을 수도 있고 또 구슬처럼 뭉쳐지기도 하며 손가락으로 구멍을 뚫어도 부서지지 않게 된다. 그러나 거기에 물을 계속 가하게 되면 이번에는 너무 부드러워져 잡으면 손가락 사이에서 흘러내린다. 이와 같이 흙의 성질은 금속과 그 밖의 재료와 달리 수분과 밀접한 관계가 있기 때문이다.
 흙에 힘을 가하면 단단히 굳어져 강도가 증가한다. 그것은 가해진 힘이 흙 안에서 공기와 물을 뽑아내어 토립자가 점하는 부분을 많게 하기 때문이다. 그러나 흙은 입자의 집합체이므로 간극이 제로가 되는 일은 있을 수 없다. 그래서 간극을 보다 작게 하기 위해서는 비어 있는 간극에 입자를 이동하여 입자들을 접근시키지 않으면 안 된다.
 토립자 주위에 소량의 물이 있으면 모관현상 등에 의해 입자 간에 부착력이 발생하게 되고 수분은 토립자와 토립자를 붙이는 풀과 같은 역할을 한다. 이때 흙은 부분적으로 밀도가 높아진다. 더욱이 토립자 주위에 수분이 늘면 물은 토립자의 위치이동을 용이하게 하는 윤활유의 역할을 하게 되고 토립자를 접근시킨다. 이 때문에 수분량이 증가함에 따라 밀도도 높아진다. 그러나 간극이 완전히 물로 포화되면 이 이상 물을 가해도 흙의 실질 부분이 물로 바뀌게 될 뿐이므로 밀도는 낮아진다. 또 완전하게 포화한 흙에 다짐 에너지를 가해도 수압이 높아질 뿐

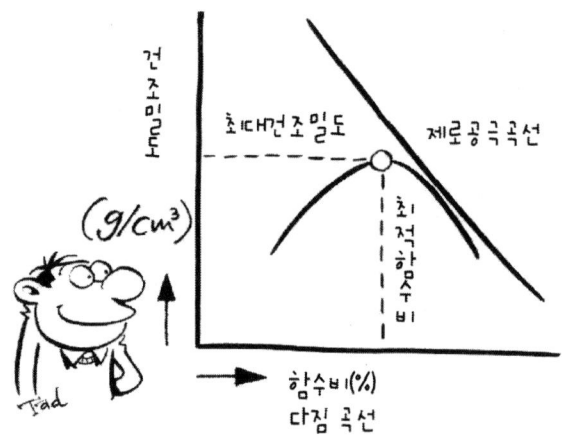

　토립자에는 전해지지 않는다. 이와 같이 '함수비'의 차이에 따라 다짐 특성이 달라진다.

　그래서 실제로 어느 정도의 함수비로 다짐하면 좋을까를 알기 위해 다짐시험을 한다. 시험은 다른 조건을 일정하게 하여 같은 흙에 함수비만을 변화시키면서 무게 2.5kg, 낙하높이 30cm의 램머로 반복하여 25회 쳐서 가장 높은 밀도를 나타내는 함수비를 찾는 것이다. 그러면 그림에서와 같은 다짐곡선을 얻을 수 있다. 이 곡선에서 최대가 되는 정점의 함수비를 '최적함수비', 건조밀도를 '최대건조밀도'라고 한다.

　결국 최적함수비는 흙이 가장 다짐이 잘 되었을 때의 물의 양이고, 이 최적함수비로 다짐된 흙은 역학적으로 가장 안정된 상태라고 할 수 있다.

점토와 모래를 분류하는 데는 어떤 방법이 있을까

흙의 중요한 성질은 공학적 성질, 투수성, 다짐효과 등이다. 이들은 주로 흙의 구조와 함수비의 영향을 받는다. 미리 성질이 같은 것을 그룹으로 해두면 공사할 때나 여러 모로 편리하다.

흙의 분류법은 목적에 대응해서 여러 가지가 제안되고 있고, 또한 국가에 따라 다른 것도 있다.

대표적인 분류는 흙을 입경에 의해 나누는 방법이다. 지반공학회에서는 입경에 따라 구분하여 분류하고 있다.

그러나 실제 지반은 모래만, 점토만과 같이 단일입자만으로 된 것은 드물고 섞여 있는 것이 보통이다. 그중에 어느 것이 많이 함유되어 있는가에 따라 그 흙의 성질이 정해진다.

이들 함유율을 한눈으로 알아보게 연구된 것이 미국도로국에 의한 삼각좌표분류이다. 일본에서도 원래 이 분류를 쓰고 있지만 분류명 중에

있는 롬이 화산회토를 의미하는 롬과 혼동하기 쉬워서 현재는 일본 독자의 삼각좌표를 쓰고 있다. 이들 함유율에 따른 분류는 흙을 다짐할 때의 효과를 판단하는 데 이용된다. 또 흙의 투수성은 입경과 간극, 세립분, 특히 점토의 함유율에 크게 영향을 준다.

공학적 성질은 복잡하여 일률적으로는 분류하기 어렵다. 모래와 같이 비교적 입자가 큰 것에서는 입자들의 접촉점에서의 마찰, 맞물리는 힘의 영향이 크고 접촉점 수가 많은 만큼 높은 강도를 보인다. 또한 크고 작은 입자의 혼합 정도를 나타내는 균등계수, 곡률계수가 중요하다. 그러나 점토와 같은 미세 입자의 형상은 판상으로 표면에는 거의 점토의 일부화가 되어 있는 얇은 수막을 흡착하고 있으므로 입자들의 맞물리는 힘은 거의 보이지 않는다. 강도를 지배하는 강한 요인은 함수량이다. 따라서 분류방법에는 컨시스턴시 한계에 기초한 소성도가 사용된다. 입도조성과 소성도를 조합한 것이 일본통일토질분류이다. 이 분류가 타국의 통일분류법과 다른 점은 화산회질점성토, 유기질토를 새롭게 별도로 제정하였다는 점이다.

그 외에는 미국의 도로노상재의 적합을 판정하는 AASHTO분류법이 유명하다.

공극과 간극은 어떻게 다를까

'광사원(廣辞苑 : 일본어 사전의 일종)'에 의하면 공극(空隙)과 간극(間隙)에는 모두 스키마(틈), 아키(빔), 스키(틈, 빔) 등이 있고 차이가 명확치 않다.

콘크리트와 같은 균질한 물체 내에 존재하는 구멍은 공극으로 불린다.

시공 시에 콘크리트가 골고루 펴지지 않아서 생긴 구멍은 공극이다. 또 철근의 굵기에 비해서 골재의 크기가 너무 커서 구체 내에 생기는 구멍 역시 공극이다. 또 콘크리트용 골재 내에도 공극은 존재한다. 골재는 암석이 풍화한 것으로 암석이 냉각할 때 가스가 빠져나와 생긴 작은 구멍이 암석 안에 남는다. 이들 공극은 물을 흡수하므로 콘크리트 강도에

영향을 미친다. 『콘크리트 표준시방서』에는 '골재의 흡수율이 크고 흡수 속도가 빠른 골재는 바람직하지 않다'라고 되어 있다. 공극 중의 물이 동결하면 체적이 팽창하여 골재에서 물이 페이스트 안으로 밀어내어 경계면의 부착력에 악영향을 미친다.

흙의 경우는 입자가 미소하므로 입자 자체의 공극보다는 토립자와 토립자의 틈에서의 간극이 크게 영향을 준다. 흙의 간극은 물과 공기가 점유하고 있다. 이 간극이 크면 입자 간 접촉점이 줄고 맞물리는 힘과 마찰력이 발휘되기 어렵다. 또 간극이 크면 물의 흐름이 쉬워지고 투수계수는 커진다. 투수계수를 작게 하거나 맞물리는 힘을 강하게 하기 위해 압밀과 다짐에 의해 간극을 강제적으로 작게 하는 방법이 채택되고 있다. 점토는 토립자 실질 부분에 대해서 간극이 차지하는 부분이 크지만 하나하나의 간극은 극히 작기 때문에 물은 통과하기 어렵다.

고유기질토는 식물의 유체가 퇴적해서 생긴 흙이다. 이는 흙의 실질 부분이 식물섬유에서 생긴 것으로 공극 부분이 있고 간극만이 아니라 섬유 내부에 많은 양의 물을 포함한다.

이와 같이 보면 공극이란 물체 내의 구멍을 말하고 간극이란 틈새를 말하는 것이 아닐까.

흙의 압축과 압밀은 어떻게 다를까

　물체에 힘이 가해지면 팽창과 압축에 의해 체적이 변화한다. 이와 같이 지반에도 힘이 가해지면 흙 속의 물과 공기가 배출되어 침하라는 체적 변화가 일어난다.

　모래지반에 하중이 실리면 물의 이동이 용이하기 때문에 단기간에 배출되어 즉시 힘이 토립자 골격구조에 전해져 그것을 받아 골격구조가 변형하고 침하한다. 모래의 압축에 의한 침하는 적재와 동시에 전침하량의 80%가 종료되고 나머지 20%는 모래의 마찰저항 때문에 서서히 진행한다. 이와 같이 모래지반에서의 침하는 거의 순간적으로 종료되며 탄성침하 또는 즉시 침하로 불린다.

　그렇지만 점토지반에는 하중을 가하더라도 그 즉시 침하가 일어나지는 않는다. 점토지반 내의 물의 이동속도는 대략 하루에 0.08cm로 상당히 늦으므로 배수에 시간이 걸리고 침하는 시간적인 지체를 동반하면서 진행한다. 이와 같은 침하를 압밀침하라 한다.

　이와 같이 조립토가 하중에 의해 침하하는 현상을 압축, 점성토가 하중에 의해 침하하는 현상을 압밀이라고 한다. 압밀은 전단강도와 더불어 토질역학의 핵심 부분이다.

　침하량을 산정할 때 압축량과 압밀량을 나누어 생각하지만 하중이 가해짐에 따라 체적이 감소하는 현상에는 어느 쪽도 변함이 없다.

　기초설계는 구조물에 장해를 주지 않게 지반의 강도와 변형의 두 가지 측면에서 검토를 하지 않으면 안 된다. 침하를 고려한 지반의 지지능력을 지내력이라 한다. 예를 들어 지반이 파괴에 이르지 않아도 침하량이 너무 커지면 공용에 지장을 초래한다.

특히 충적지반상에 구조물을 구축할 경우 침하량이 많아짐과 더불어 압밀침하의 전형적인 특징인 침하가 멈출 때까지 장시간을 요하게 된다. 그렇기 때문에 구조물이 완성된 후 유해한 일이 없도록 대책을 세울 필요가 있다.

이 때문에 압밀시간을 단축하기 위한 공법이 개발되고 있다. 압밀이론에 의하면 침하에 필요한 시간은 배수거리의 2승에 비례한다. 그래서 새로운 배수층을 지반 내에 인공적으로 만들어버린다. 대표적인 것은 샌드드레인공법으로 모래기둥을 지반 중에 만들고 이 모래기둥을 통해서 물이 배수되게 한다. 모래 대신에 딱딱한 종이를 이용하는 카드보드드레인공법이 활용되기도 한다.

랜킨과 쿨롱의 토압이론의 차이는 무엇일까

바다에 10m 잠기면 $1\text{kgf}/\text{cm}^2$의 수압을 받는다. 물은 액체이기 때문에 수압은 등방성을 갖는다. 바다 속에 벽을 세우면 벽에 걸리는 수압은 깊이에 비례해서 커지고 삼각형분포를 나타낸다.

지반도 이와 같이 지중에서는 흙의 자중에 의한 압력을 받는다. 지중에 놓여 있는 벽을 생각해보면 이 벽에도 수압과 같이 깊이에 비례하여 증가하는 압력이 생긴다. 이 흙의 자중에 의한 압력을 토압(土壓)이라 한다. 옹벽, 토류판, 매설관, 쉴드, 컬버트 등의 토목구조물은 어느 것이나 반드시 이 토압을 받는다.

　흙은 물과 달리 고체이므로 토립자 간에 마찰이 생긴다. 따라서 압력은 등방압이 아니고 연직방향과 수평방향에서 다른 압력이 생긴다. 지표면이 수평인 지반 내에 세워진 벽에 작용하는 압력은 좌우에서 같은 힘이 가해지므로 벽은 변위하지 않고 정지하고 있다. 이때의 압력을 정지토압이라 한다. 이 벽을 좌측으로 조금씩 이동시켜 보자. 그러면 벽보다 우측의 흙과 벽 사이에는 간극이 생겨 흙은 완만히 왼쪽방향으로 미끄러져 떨어지려 한다. 이때의 압력을 주동토압(主動土壓)이라 한다. 이와는 반대로 벽보다 좌측에 있는 흙은 벽에 눌려 부서질 듯한 압력을 받는다. 이것을 수동토압(受動土壓)이라 한다.

　토압 중에는 수동토압이 가장 크고 주동토압이 가장 작으며, 정지토압은 이들 중간에 위치한다. 이와 같은 토압의 사고방식을 랜킨(Rankine)의 토압론(土壓論)이라 하고 토괴 중의 응력상태에서 토압을 구한다. 다만 랜킨의 토압론으로는 벽과 흙 사이의 마찰은 일체 생기지 않는다고 가정한다.

　다른 또 하나의 대표적인 토압론은 쿨롱이 제창한 것이다. 그는 벽과 그 배면에 있는 흙을 생각했다. 벽에 의해 지탱되고 있는 흙은 벽을 흙에서 멀어지는 방향으로 이동시키면 직선에 가깝게 미끄러져 떨어진다. 이 상태에서 벽에 가해지는 압력을 주동토압이라 한다. 주동토압은 경사면보다 위에 있는 토괴의 중량과 경사면 상의 흙의 저항력에 의한 힘의 균형에서 구할 수 있다. 이 경우에는 벽과 흙 사이의 마찰력도 고려한다. 다음은 벽을 흙 쪽으로 미는 것을 생각해보자. 그러면 토괴는 어떤 경사면(전단면)을 따라 밀어 올려지려고 한다. 이때 토괴를 밀어 올리려하는 힘을 수동토압이라 한다. 수동토압도 토괴의 자중과 전단면 위의 흙의 저항력, 흙과 벽의 마찰력 등에 의해 결정된다. 여러 전단면을 가정하여 주동토압에서는 최대치를, 또 수동토압에서는 최소치를 각각 토압으로 한다. 미끄러 떨어지거나 밀어 올려지는 토괴의 전단면이 직선에 가깝게 이동하는 토괴의 형상이 삼각형이 되는 것에서 쿨롱의 토압을 '흙 쐐기 이론'이라고 부른다.

흙의 흐트러짐이란 어떤 현상을 말하는 것일까

지반은 오랜 세월을 거쳐 퇴적된 것이다. 모든 것에 역사가 있듯이 지반에도 그 지반 특유의 생성 역사가 있다.

일반적으로 산악지대는 딱딱한 암석으로 되어 있어 이들이 풍화하면 고결력이 약해지고 암석은 비와 바람에 의해 떨어져 나가고 하천에 의해 운반된다. 토사는 유속, 유량 등의 영향으로 하천바닥으로 굴려 보내지고 부유하거나 극세한 입자는 용해하기도 하면서 흐른다. 큰 자갈은 산

기슭의 선상지(扇狀地)에, 중류지역에는 모래, 실트, 그리고 고운 입자일수록 가벼워서 먼 곳까지 운반된다. 하구 부근의 델타에는 가는 모래와 점토 등의 세립자가 두껍게 퇴적한다. 이와 같이 점차 옮겨져 퇴적한 토사에는 그때그때의 형성사, 퇴적환경이 새겨져 입자 간에는 조직구조가 형성된다.

토립자의 대부분은 단축과 장축을 가지고 중력에 의해 장축면은 수평면에 평행으로 퇴적한다. 따라서 자연에 퇴적한 지반에는 이방성(異方性)이 발달한다.

모래입자와 같이 비교적 큰 입자로 구형에 가까운 것은 퇴적할 때 중력에만 지배되어 안정하다. 이와 같은 배열을 단립(單粒)구조라 한다. 한편 점토입자의 형상은 얇은 얼음과 같은 판상과 가늘고 긴 봉상(棒狀)을 가진 것이 많고 또 입자표면은 음(-)의 전하를 띠고, 이온들이 반발하는 브라운운동이 생겨 침강하기 어려워진다. 음 전하를 띠고 있는 입자가 바다로 흘러 들어가면 해수 중의 양이온과 용이하게 결합하여 덩어리를 만든다. 덩어리가 형성되면 급격히 입경이 커지기 때문에 부유하고 있던 입자는 그 장소에 침강한다. 여기서 덩어리들이 다시 결합하면 봉소(蜂

巢 : 벌집)구조를, 다시 이것들이 연결되면 쇠사슬 모양의 선모(線毛)구조를 만든다. 봉소구조와 선모구조는 큰 간극을 가지고 있으며 그 내부는 물로 채워져 있다.

지층은 긴 세월 동안 차차 옮겨진 토사의 자중에 의해 압밀되어 눌려 굳어진 시멘트화 작용이 일어난다. 특히 점토지반처럼 내부에 다량의 물을 포함하는 벌집구조와 선모구조의 흙은 하중이 가해지면 물이 빠지고 강하게 안정된 구조로 변한다. 이것은 얇은 트럼프 형상의 입자가 겹쳐 쌓여 일정한 방향성을 갖는 배향구조로 변화하기 때문이다. 이와 같은 입자의 배열구조가 흙의 세기의 원천이다.

흙의 흐트러짐(교란)이란 이 같은 흙의 구조를 파괴하고 결합력이 없어지는 것을 말한다. 흙의 강도와 압축성 등의 성질에는 흙의 구조가 큰 영향을 미친다. 이 때문에 공사 중에는 되도록 지반이 교란되지 않도록 배려함과 동시에 흙의 교란에 의한 흙의 성질변화에 주의를 기울일 필요가 있다.

흙이 교란을 반복하면 강도가 저하되는 이유는 무엇일까

자연적으로 퇴적한 지반에 있어서 흙의 강도를 결정하는 것은 그 흙이 갖는 골격구조이다. 골격구조는 응력이력에 의해 결정된다. 응력이력이란 그 지반이 현재에까지 이르는 역사와 같은 것으로, 어떤 환경에서 퇴적하고 어떤 힘이 가해졌는지 또는 하중이 적재된 사실은 있는지 지하수위의 이동은 있었는지 등의 장기간에 걸친 자중(自重)작용의 변천

이다. 자중작용은 토립자의 골격구조를 형성할 뿐 아니라 시멘트화로 불리는 입자 간의 교착상태를 만들어낸다.

점토의 대표적인 골격구조인 선모구조를 생각해보자. 음의 이온을 띠고 있는 흙입자는 해수 중의 양이온과 결합하여 덩어리를 형성하고 선모구조를 만든다. 이들 덩어리는 쇠사슬 형태를 만들게 되어 외력이 가해지면 아치작용이 일어나 입자들의 접촉점으로 힘을 전달하게 된다. 이 연결고리를 떼어내면 개개의 입자는 수중에 부유상태가 되어 힘이 가해지면 용이하게 변형한다.

흙에 반복해서 변형을 가하면(이를 교란이라 함) 이와 같이 골격구조가 파괴된다. 그 때문에 급격히 강도가 저하한다.

관동롬지반에서는 토공사 시 불도저를 반복해서 주행하게 되면 처음에는 부드럽게 주행한다. 하지만 시간이 지날수록 그 표면이 질척해져서 주행이 곤란해진다. 이것은 표층토의 골격구조가 교란되어 강도가 저하하고 무거운 불도저를 지탱할 수 없기 때문이다. 또 말뚝의 타설과 교통하중과 같은 진동, 반복적인 하중, 지진 등에 의해서도 흙은 교란되어 강도가 저하한다.

　자연상태의 교란되지 않은 흙의 강도와 교란된 흙의 강도의 비를 예민비라 하는데, 대개 1축압축시험에서 얻을 수 있다. 예민비가 4~8을 나타내는 점토를 예민점토라 하고, 8~16을 나타내는 것을 매우 예민한 점토라 한다. 그리고 16 이상의 것은 초예민점토라고 부른다.

　예민비가 큰 점토로 대표적인 것은 북유럽 및 캐나다 동부에 나타나는 퀵클레이다. 퀵클레이는 바다 속에 퇴적한 해성(海成)점토가 지각운동을 받아 지상에 융기한 것이다. 해저에 있던 점토를 지상으로 퍼올리게 되면 지하수위 저하, 빗물 등에 의해 지반 내에 포함된 염분이 용탈작용을 받아, 점토 내의 간극수에 포함된 양이온이 유출되게 된다. 이로 인해 이온의 평형이 무너지고 입자 간의 응집력이 약해지고 강도가 저하한다. 이것을 용탈현상(leaching)이라 한다.

　이처럼 원 상태의 지반을 교란하게 되면 강도 저하를 면할 수는 없지만 한번 교란된 지반을 그대로 방치해 놓으면 다시 강도가 회복된다. 이 같은 성질을 틱소트로피(Thixotropy)라 한다. 무너져 랜덤한 구조가 된 입자들은 입자 간 인력으로 다시 결합하기 시작하여 새로운 구조를 만들게 되는 것이다.

사면의 미끄러짐 파괴란 어떤 현상이고 그것을 예측하는 방법은 있을까

지형이란 지표면의 요철을 말하고 지구중력이 작용한 결과를 나타낸다. 현재의 산과 사면은 오랜 세월을 거쳐 안정된 형태로 자리 잡은 것이다. 평탄한 지형이 보다 안정성이 높은 것은 말할 필요도 없지만 잘려 세워져 있는 벼랑과 사면도 무너지지 않고 보존되어 있는 것이 많다. 그러나 벼랑과 사면이 평지에 비해 안정성이 나쁜 것은 당연하고 힘의 밸런스가 변화하면 현재의 형태를 유지할지 어떨지는 확실하지 않다. 자연의 다양한 힘에 의해 형성된 사면을 자연사면이라 하고 인공적으로 절토와 성토에 의해 만들어진 사면을 노리(법)면이라 한다. 자연사면은 사면길이가 길기 때문에 무한사면으로 해석되지만 노리면은 사면길이가 짧아 유한사면으로 취급된다.

자연사면과 성토사면의 붕괴를 관찰하면 많은 예에서 어느 일정한 면을 따라 파괴되는 것을 알 수 있다. 사면에서는 이 면을 경계로 상부에 있는 흙이 미끄러 떨어지듯이 파괴되므로 '미끄러짐파괴'라 한다. 미끄러짐면은 원호에 가까운 형상을 나타내어 원호파괴라 불린다.

따라서 사면의 안정을 검토하기 위해서는 여러 가지 미끄러짐면을 가정하여 그때의 안전율(Fs)을 구한다. 안전율은 미끄러짐면에서의 흙의 저항력이 미끄러짐면보다 위에 있기 때문에 미끄러 떨어지려는 토괴의 중량에 대해 충분히 견디어낼 수 있을지 없을지를 검토한 것이다. 몇 번의 시행착오를 거치면 안전율이 최소인 파괴면을 찾을 수 있다. 안전율이 1보다 작으면 사면은 미끄러 떨어진다. 안전율 1에서도 균형을 유지하지만 여러 가정에 따른 오차와 토질정수의 실험오차를 생각하면 충분한 안전성을 기대하기에 1로는 불충분하다. 일반적으로 성토사면의 안전기준은 Fs=1.0~1.2에서는 안전에 의문이 들고, 1.3~1.4이면 잘라낸 성토에서는 안전하다. 또 1.5 이상이면 Earth dam에 관해서도 안전하다고 한다. Earth dam의 안전율은 담수 중의 수위가 급강하하는 것으로 1.5라는 엄격한 안전율이 설정된다. 결국 위험하다고 판정될 때에는 사면경사를 완만하게 하거나 재료의 강도를 높이는 등의 재검토가 필요하다.

자연사면 붕괴의 주요 원인은 강우 등에 의해 토괴의 중량이 증가하는 것이다. 토괴의 중량이 증가하면 미끄러 떨어지기 쉬워진다. 한편 저항하는 측의 흙은 간극 내에 강우가 흘러들어감에 따라 간극수압이 상승하고 강도가 저하된다. 결국 미끄러지려는 힘이 늘어나 미끄러짐에 저항하는 힘이 감소하면 사면의 안전율은 저하한다. 강우뿐 아니라 사면의 상부에 하중이 가해지거나 사면의 하부가 잘리거나 지진 등으로 수평방향에 하중이 가해질 때도 안전율은 저하한다.

원호(圓孤) 미끄러짐이란 무엇인가

 지반의 지지력과 사면안정 해석은 일반적으로 하중조건(정적, 동적, 연직, 수평등)에 의해 파괴현상을 상정하여 미끄러짐면을 가정하고 평형조건식을 풀게 된다. 얻어진 수치가 극히 높은 값이면 이 값으로 안전율을 결정하고 그렇지 않으면 다른 미끄러짐면을 가정하여 재계산한다. 이들 미끄러짐파괴면은 원호와 대수곡선에 가까운 형상을 나타내는 것이 많기 때문에 원호 미끄러짐이라 부른다. 이는 미끄러짐면을 원호로 가정하는 것으로 해석방법도 간편해진다. 원호 미끄러짐은 유한 사면상에 나타나는 미끄러짐 현상이다.

 사면붕괴의 형상은 사면상에 미끄러짐면이 나타나는 사면내파괴와 법선에 미끄러짐면이 나타나는 사면선단파괴, 또 미끄러짐면이 성토의 아래 지반까지를 포함하는 저부파괴로 나뉜다.

 사면내파괴는 성토가 부드럽고 비교적 얇은 부분에 딱딱한 지반이 존재할 때 발견된다. 사면선단파괴는 내부마찰각과 점착력을 가지는 지반

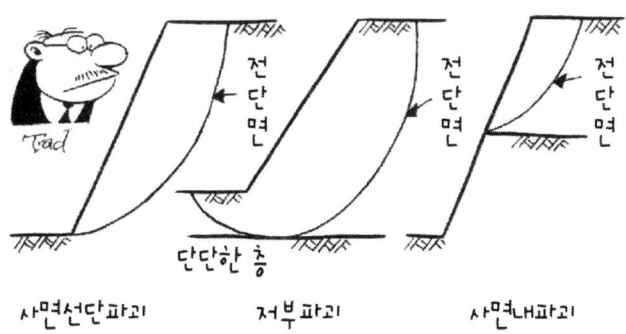

으로 비교적 경사가 심할 때(60° 이상) 급사면에 많고 저부파괴는 사면 경사가 완만한 점토질의 부드러운 지반에 보이고, 파괴면은 사면선단보다 꽤 떨어진 수평지반상에 나타난다.

원호 미끄러짐의 안정성은 이하의 방법으로 검토한다. 사면의 안정해석에는 다른 지반해석과 같이 간극수압을 고려한 유효응력해석과 간극수압을 고려하지 않는 전응력해석이 있다. 점토지반에서 급속시공과 같은 경우는 미끄러짐면에서 배수에 시간이 걸리므로 전응력으로 해석한다. 균질한 점토지반의 안정성 검토는 어느 미끄러짐면을 가정해서 미끄러짐면보다 위에 있는 토괴중량의 미끄러짐을 일으키려는 모멘트를 구할 수 있다. 이것을 그 미끄러짐면상에 발휘되는 저항하는 모멘트로 나누어 안전율을 구한다. 이때 미끄러짐면 상부에는 인장력에 의한 균열이 생기므로 이 구간의 저항력은 고려하지 않는다. 최소의 안전율이 구해지기까지 미끄러짐선을 변화시켜 반복 계산한다. 이때 최소안전율을 표시하는 원을 임계원이라 한다.

테일러는 균질한 점토지반($\phi = 0$, $c > 0$)에 대해 지반의 단위체적중량과 점착력을 이용하여 사면의 한계성토높이를 구하고 안정계수를 제한하였다. 사면경사와 심도계수(성토높이와 기초지반까지의 깊이의 비)로부터 안정계수를 구하는 테일러의 제안식은 훗날 테르자기에 의해 개선되었는데, 그 편리성으로 인해 간편예측에 넓게 이용된다.

불균일한 지반이고 간극수압을 고려하는 경우에는 원호 미끄러짐 해석 시 분할법이 쓰인다. 원호로 둘러싸인 토괴를 여러 개에서 수십 개의 등간격의 가늘고 긴 부분으로 분할하고 각 요소에 따른 미끄러지려는 힘과 미끄러짐에 저항하려는 힘의 평균을 구하고 부분별 전체를 합계하여 안전율을 구하는 것으로 응용범위가 넓은 가장 일반적인 방법이다.

흙에 가해지는 힘을 전응력이라 부르는데 그러면 유효응력이란 무엇인가

흙은 토립자, 물, 공기의 3개로 이루어진다. 흙에 힘이 가해지면 변형이 생기며 변형에는 체적변화를 수반하는 압축변형과 체적변화를 일으키지 않는 전단변형이 있다. 공기는 압력을 받으면 체적이 축소하지만 물과 토립자는 체적변화가 미미하기 때문에 비압축성으로 취급된다. 일반적으로 지하수 아래의 지반은 간극이 모두 물로 채워져 포화되어 있는 흙(포화토)으로 취급되며 비압축성의 2상계(입자와 물)로 모델화한다.

포화한 흙에 힘이 작용해도 토립자와 물이 비압축성이기 때문에 간극 내의 물이 유출하지 않으면 체적변화는 생기지 않는다. 3축시험장치 내에서 포화된 시료를 고무막(멤브레인)으로 감싸서 측압을 가해보자. 이때 배수구 밸브를 열고 물의 유출을 차단하면 간극 내의 물은 가해진 압력에 상응한 수압을 보인다. 이어서 밸브를 열고 물을 배수시키면 시료

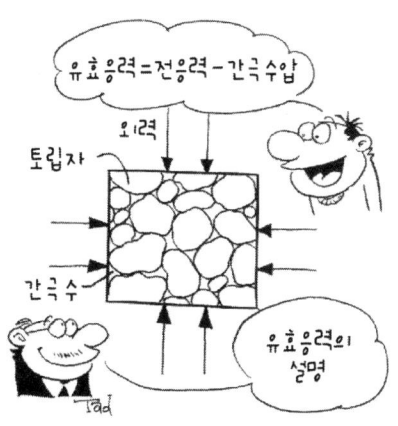

내부의 수압은 점점 저하하고 체적변화가 진행된다. 체적변화가 줄어들었을 때 수압은 제로로 돌아온다.

이러한 현상은 곧, 흙에 가해진 힘은 가해진 직후는 수압으로 부담하게 되고 배수가 진행됨에 따라 토립자의 실질 부분인 골격구조에 재분배되어 최종적으로는 이 골격구조에 의해 모든 힘을 지지하게 된다는 것을 나타내고 있다.

흙에 가해진 힘을 전응력이라 하고, 흙의 골격구조가 부담하고 있는 힘을 유효응력이라고 한다. 또 간극물 내에 발생한 수압을 간극수압이라 하는데 완전하게 건조한 흙에서는 항상 유효응력만 작용한다. 유효응력은 전응력에서 간극수압을 뺀 힘이다.

흙의 압축특성과 강도특성은 입자 간 힘의 전달 정도에 따라 좌우된다. 따라서 힘이 가해진 시점에서 내부에 간극수압이 발생하고 있을지 혹은 흩어져버리는지에 따라 토립자 골격구조에 전해지는 유효응력에 차가 생긴다. 흙의 강도는 입자 간의 마찰과 맞물림의 힘에 의해 발휘되기 때문에 유효응력이 커지면 커지는 만큼 강해진다.

모래와 같이 큰 간극을 갖는 지반에서는 하중이 가해지면 간극수는 즉시 배수되고 간극수압은 발생하지 않는다. 단, 지진하중과 같이 반복하중이 가해진 경우는 별도다. 급격한 반복재하 때문에 배수가 원활하지 않아 간극수압이 상승하게 되며 골격구조를 형성하고 있는 입자 간의 맞물림이 흐트러지게 되어 입자는 수중에 부유하게 되고 수압에 의해 지상으로 분출하게 된다.

한편 포화한 점토지반에서는 하중이 적재되어도 투수계수가 작기 때문에 10년 이상 되어도 침하가 줄어들지 않은 예도 있다. 그러나 간극수압이 소산된 후의 지반에서는 골격구조가 조밀해지고 강도의 증가가 보인다.

큰 산 가운데 뚫린 터널이 무너지지 않는 것은 왜일까

일본은 국토의 60% 이상이 산악지대로, 도로와 철도를 이용할 때 '반드시'라고 해도 좋을 만큼 많은 터널을 통과한다. 터널은 수도(隧道)라 불리기도 하며, '위에는 지반을 남겨두고 아래를 굴착하고 그곳에 생긴 공간을 어떤 용도로 사용하는 것'이라고 정의한다.

터널은 지반의 가운데 구멍을 뚫었을 때 지반 자체에서 그 공간의 형태를 유지하려는 성질을 이용한 것이다. 어렸을 때 젖은 모래로 두꺼비집을 만들고 구멍을 뚫어도 붕괴되지 않았던 기억이 있으리라 생각한다. 이는 구멍의 크기와 모래의 상태에도 영향 받지만 구멍 주위의 모래 자체가 공간을 유지하려는 성질에 의한 것이다. 이것을 그라운드 아치라 부르며 모래입자의 마찰력에 의해 모래 자체를 유지하고 상부로부터의 하중이 작용하지 않는 영역을 구축하고 있다.

그러나 구멍은 시간이 흐르면 주위로부터의 압력에 의해 부서져버린다. 구멍 형태로 유지 가능한 시간은 지반의 지질과 구멍의 크기, 형태 등에 따라 다르지만 이 구멍을 도로와 철도 등에서 이용하기 위해서는 장기간에 걸쳐 부서지는 일이 없도록 구멍의 주위를 보호하지 않으면 안된다. 이것을 복공(覆工)이라 한다.

터널 주위에 작용하는 힘의 대표적인 것을 지압이라 하는데 지반의 지질에 의해 크기는 달라진다. 지압은 터널의 굴착에 관계없이 자중과 지각운동 등에 의해 내부에 항상 작용하는 초기지압과 지반이 굴착되어 지금까지의 밸런스가 무너져 새로운 응력상태가 발생한 2차지압이 있다. 이들 지압에 더하여 수압, 지진력, 암석의 풍화 등을 고려하여 복공 두께가 정해진다. 복공은 우선 지보공(支保工)에 의해 지압을 지지한 후 콘크리트로 공벽을 둘러싼다.

얇고 미고결한 지반에서는 전지반의 중량이 터널에 작용하고 있으나 일반적으로는 굴착에 의해 이완된 지반의 압력(느슨한 지압)이 지보공과 복공에 작용한다. 지반이 깊어지면 내부의 마찰에 의해 수직하중이 감소하고, 더 깊어지면 지반 내에는 아치액션이 발생한다. 따라서 터널에는 상부의 일부 하중만 작용하게 된다. 터널에 대한 그라운드 아치는 부드러운 지반에서는 크고 딱딱한 암반에서는 작아진다.

딱딱하여 굴착이 불가능해서 발파를 하게 되면 주변이 약해지고 균열이 크게 발생한다. 견고한 암석에서는 굴착에 의해 응력집중이 생기면 지반이 파괴하여 붕괴 현상이 생기는 것을 알 수 있다. 락버스트란 굴착 최선단부 등에서 큰 음향을 동반하고 암편이 날아가는 현상으로, 칸에쯔자동차도(関越自動車道) 칸에쯔(関越)터널에서 보고가 있었다.

한편 부드러운 지반과 팽창성의 암석 등에서는 소성운동을 일으키고 터널 안에 압출현상과 지반이 솟아오르기도 한다. 이들은 재해를 일으키는 요인이 되기 때문에 터널공사에는 꼼꼼한 지질조사가 필요하다.

재미있는 흙이야기

지반의 개량 6

6 지반의 개량

연약지반이란 어떤 지반을 말하는 것일까

'연약지반'이라는 단어는 전문가들 사이에서도 관념적으로 사용되고 있는데, 엄밀한 정의가 있을 까닭은 없다.

어느 지반에 토목구조물을 건설했을 때 그 구조물과 주변지역에 피해가 일어나는지 아닌지, 또 생겼다고 해도 그것이 어느 정도가 될지는 지반을 만드는 흙의 성질과 구조물의 역학적 조건과의 상대적인 관계에 따

라 다르다. 그런 이유로 어떤 지반이 경우에 따라서는 연약지반으로 불리기도 하고 그렇지 않기도 한다. 필요한 토질시험을 실시하여 '어느 물성치(物性値)가 일정한 기준을 만족하는 경우 연약지반이라 한다'고 말할 수 있다.

굳이 정의한다면 '연약지반이라는 것은 어느 지반에 토목구조물을 건설할 때 그 지반을 이루고 있는 토층의 강도가 작아서 압축되기 쉬운 연약한 것일 경우에 구조물과 그 주변의 안정확보와 침하의 제어를 위하여 얼마간의 대책이 필요해지는 지반'이라고 할 수 있다.

연약지반은 지질학적으로 보면 매립, 성토 등에 의한 인공지반과 자연지반으로 나뉜다. 자연지반에서의 연약지반의 대부분은 점토, 실트, 모래, 이탄 등으로 구성되는 충적층 상부에 생긴다. 충적층 상부는 충적세로 불리는 과거 1만 년 동안 물이 개입해서 퇴적한 젊은 토층으로 압축, 시멘테이션, 지진에 의해 진동다지기 등의 고화(固化)작용이 발달하지 않아서 연약한 지반을 구성하기 쉽다. 일본의 대표적인 평야인 석수(石狩)평야, 관동(關東)평야, 신사(新潟)평야, 농미(濃尾)평야, 대판(大阪)평

야, 축자(筑紫)평야 등도 충적층 상부의 지층을 가지고 있다.

또 지형적으로는 삼각주, 배후습지, 익곡(溺谷 : 지반의 침강이나 해면 상승으로 해면 아래로 가라앉은 골짜기), 해안사주(海岸砂州), 선상지 등에서 자주 볼 수 있다. 이 같은 지형의 공통점은 수분을 많이 머금어 질 퍽질퍽하다는 것이다. 이런 지반을 토질에서 보면 이탄질지반, 점토질지반, 느슨한 사질지반 등으로 분류된다.

연약지반에서의 문제점은 지지력 부족, 불안정, 미끄러짐 발생, 물에 의한 문제, 침하의 발생, 액상화 등 여러 가지다.

연약지반에 대한 지반개량은 그 의미에서 매우 중요한 기술로 여러 가지 공법이 개발되고 있다.

연약지반을 극복하기 위한 대책에는 어떤 공법이 있을까

기초지반이 연약하고 구조물의 하중에 의해 침하와 변형 문제가 발생할 우려가 있는 경우는 지반의 대책공(對策工)이 필요하다. 물론 그 위에 짓는 구조물 자체의 형식, 형상, 하중, 기초 등에도 눈을 돌려 이들을 수정하거나 변경하거나 하는 것도 유효하다. 연약지반대책은 안정대책과 침하대책을 동시에 고려한 종합적인 대책으로 생각할 필요가 있다.

안정대책은 연약지반상에 구조물을 안정하게 건조하기 위한 대책이고 이를 위해 구조물과 지반에 지지력을 잘 균형시켜 파괴가 생기지 않도록 제어할 필요가 있다. 방법으로는 성토제로서 발포 폴리스치롤 등의 경량제를 사용하는 등의 하중경감공법, 압성토 등을 이용한 지반작용 하중의 균형화공법, 지지층에 직접 닿는 말뚝을 치는 기초공법, 고가(高架)와 컬버트 등의 구조물을 만들어 지반의 부하를 경감시키는 대책 등이 있다.

한편 침하대책은 구조물이 지반에 하중을 가함에 따라 생기는 지반의 침하를 제어하기 위한 대책으로 '압밀 및 배수', '다짐', '고결(固結)', '보강', ' 치환'의 5개의 원리가 응용된다.

압밀 및 배수에 의한 개량공법은 주로 점성토에 적용되는 수분을 제거하여 밀도를 높이는 방법으로 제하에 의해 압밀을 촉진하는 샌드드레인공법과 페이퍼드레인공법, 양수에 의해 지하수를 저하시키는 웰포인트공법, 전기적으로 배수하는 전기침투배수공법 등이 있다. 다짐에 의한 개량방법은 사질토에 적용되는 것으로서 진동을 주어 다짐하는 바이브로플로테이션공법(vibrofloatation method)과 바이브로컴포져공법, 충격에 의해 다짐하는 샌드콤팩션공법(sand compaction method) 등이 있다.

고결에 의한 개량방법은 물유리 등의 약액을 연약지반에 주입하는 약액주입공법, 석회와 시멘트 등의 개량안정제를 지반에 첨가하여 그 화학

작용에 의해 지반강도를 높이는 혼합공법 등 인공적으로 흙의 성질을 개량시키는 방법이다.

그 밖에도 연약지반 위에 모래 등을 덮는 복토공법, 시트와 네트를 포설하고 하중의 분산을 꾀하는 지오텍스타일공법, 혹은 연약토를 양질토로 바꿔버리는 치환공법 등이 있다.

이상과 같은 여러 가지 연약지반대책공법은 단독으로 적용되는 경우도 있지만 일반적으로는 이것을 조합하여 적용한다.

지반을 개량하기 위한 모래로 만든 말뚝이 있다는데 사실인가

일반적으로 흙은 그 밀도가 증가하면 강도가 증가하고 그 흙으로부터 이루어지는 지반의 지지력도 높아진다. 몇 개의 기계적인 방법으로 흙을 단단히 다져서 밀도를 증가시키고 지반의 지지력을 높이는 공법을 다짐공법이라 한다.

모래의 밀도를 증가시키기 위해서는 모래입자 간의 공극을 작게 한다. 모래입자 간에 물이 없으면 입자 간에는 점착력이 작용하지 않기 때문에 적당한 진동을 가하면 입자의 공극이 작아져 재배열한다. 느슨하게 결합한 쌀이 들어 있는 용기를 적당하게 흔들거나 두드리면 쌀의 체적이 감소하여 안정되는 것과 같다. 점토의 경우 입자 간에 점착력이 있고 공극에는 물도 있으므로 다짐하는 것이 용이하지 않다. 마음대로 진동을 가하면 입자 간의 접착을 잃고 오히려 연약화한다. 이러한 사실에서 기계적인 다짐공법은 모래지반에 적합한 공법이다. 도로포장과 같이 표면만을 다짐할 경우에는 롤러와 컴팩터에 의해 행할 수 있지만 깊은 곳까지 다짐하려는 경우에는 값이 싼 말뚝을 여러 개 박아넣는 공법을 들 수 있다. 말뚝을 박으면 그 주위지반을 압축하여 말뚝의 체적만큼의 간극이 감소하여 흙의 밀도가 높아진다. 그 결과 지반의 지지력도 증가하고 말뚝 자체의 지지력도 기대할 수 있다. 이와 같은 공법을 말뚝다짐공법이라 한다.

이때 말뚝 대신에 자연모래를 사용하여 다짐을 행하면 재료비가 싸진다. 이 공법을 샌드컴팩션공법이라 한다. 먼저 속이 빈 강관을 박아 그 강관 내에 모래를 투입한다. 지중에 남은 모래기둥을 다져가면서 강관을 빼 올리고 주위를 다짐과 동시에 다짐 모래말뚝을 조성해간다. 느슨한 모래지반 다짐에 가장 잘 활용되고 있는 방법이며 15m 깊이까지 개량이 가능하다. 모래비율이 70% 이상인 사질지반에도 적합하다고 할 수 있다.

또 강관을 타설한 후 진동해머(바이브로해머)에 의해 모래의 다지기를 행하는 바이브로 컴포우져공법이 있다. 타설에 진동을 사용하기 때문에 소음이 작고 시가지공사에도 사용 가능하다. 이 공법으로 30m 정도의

깊이까지 개량하는 것이 가능하다.

또한 바이브로플로트라는 수평방향으로 진동하는 봉을 땅속에 삽입하여 진동시키면서 땅속에서 들어올림으로써 지반이 다짐되어 바이브로플로트와의 사이에 생긴 간극에 모래, 자갈 등의 골재를 흘려서 채워가는 바이브로플로테이션공법도 있다. 수평방향으로 진동시킴으로 주위의 지반에 작용하는 다지기 작용은 보다 직접적이다. 따라서 바이브로컴포우져공법보다 바이브로플로테이션공법이 비교적 균일한 다지기효과를 갖는다고 할 수 있다. 더욱이 투입된 모래를 넣어 다지기 위해 진동방향이 상하방향으로 되어 있는 것도 개발되어 있다. 모래말뚝의 시공간격은 1.2~1.5m로 정삼각형으로 배치한다. 시공심도는 지표에서 8m 정도지만 최근에는 20m 정도까지 시공심도가 향상되었다.

토목공사에 사용되는 지오텍스타일은 무엇인가

지오텍스타일(geo-textiles)은 토지를 표시하는 접두어의 지오와 섬유물질을 표시하는 텍스타일의 합성어로 토목공사에 쓰이는 섬유재료이다. 폴리에틸렌, 폴리에스테르, 폴리프로필렌 등의 고분자 재료를 원료로 하여 만든 것이다. 직포, 부직포, 네트, 메쉬 등이 있다. 이들 지오텍스타일은 흙과 함께 샌드위치가 되기도 하고 직접 흙 위에 깔아 사용하기도 한다.

지오텍스타일에는 배수, 여과, 분리, 보강, 보호라는 기능이 있다.

배수기능을 이용하여 성토 내부에 부설할 경우 강우 등에 의해 성토 내부로 침투된 물을 배출하기 쉬워지게 되어 이로 의한 사면붕괴를 방지할 수 있다.

여과기능을 이용하여 하천호안 내부에 부설한 경우에는 물을 함유한 토사에 접했을 때 토사는 통과시키지 않고 물만 통과된다.

분리기능을 이용하면 연약지반 성토하부에 부설할 경우 지오텍스타일이 필터의 역할을 하여 입경이 다른 토질의 상호 혼입을 막아준다. 또한 연약지반상에 시트로 깔면 질퍽거림을 저감시키고 건설기계주행성능(trafficability)을 좋게 한다.

또 지오텍스타일은 인장강도가 크기 때문에 이러한 특성을 지반 보강에 이용하여 성토지반 내부에 설치하게 되면 성토면의 경사를 높일 수도 있고 지반의 안정성을 높일 수도 있다.

보호기능을 이용하면 산업폐기물처리장 등의 저면에 차수(遮水)시트상에 부설한 경우 차수시트가 날카로운 폐기물에 의해 손상되는 것을 방지할 수 있다.

이들 기능은 각각의 종류가 동시에 발휘되고 1매의 지오텍스타일을 설치하는 것만으로도 커다란 효과를 발휘하기 때문에 다양한 토목공사에 많이 활동되고 있다.

현재 기대되는 지오텍스타일의 응용으로는 법면에 대한 녹화 기반으로서의 기능이다. 이것은 경사면의 침식을 방지하는 보강기능을 동반하고 침식을 받지 않기 때문에 식물 육성이 안정적이며 지속성이 있는 산림의 복원이 기대된다.

성토의 안정처리는 어떻게 하는 것인가

성토는 도로, 철도의 교통하중과 조성지의 건물을 지지하는 기초로, 성토와 하천 제방, 필댐 등 물을 멈추게 하는 지수(止水)를 목적으로 하는 성토 등 여러 가지 목적으로 시공된다.

성토의 재료로 좋은 흙은 입도분포가 좋고 소성지수가 큰 흙, 바꿔말하면 시공이 용이하고 전단강도가 크고 압축성이 작은 성질을 가진 흙이다. 반대로 바람직하지 않은 흙이란 벤토나이트, 산성백토, 유기토 등의

흡수성이 크고 압축성이 큰 흙이다.

그러나 양질의 재료만을 선택·사용하는 것은 경제적인 측면에서나 환경적인 측면에서 바람직하지 않다. 함수비를 다량 포함하거나 강도가 부족한 것 등 사용하는 재료로서 다소 바람직하지 않더라도 설계 및 시공 시 아이디어를 발휘하여 잘 사용하는 것이 필요하다. 그렇기 때문에 안정처리공법이나 보강토공법 등이 적용된다.

안정처리공법은 성토가 되는 재료에 첨가제를 혼합하여 잘 섞어 화학적으로 흙의 성질을 바꾸는 공법으로 예로부터 행해져왔다. 첨가제에는 석회, 시멘트, 플라이애쉬 등이 쓰이고 성토재료의 성질에 의해 사용이 나눠진다. 혼합방법은 현장혼합방식, 플랜트혼합방식, 지반혼합방식 등이 있다.

이러한 첨가제를 혼합하면 어떻게 해서 흙의 성질이 개선될까. 석회를 예로 들어보자.

생석회를 흙에 섞으면 흙 속의 물과 석회가 반응하여 흙 속의 물이 고체화되려고 한다. 이 화학반응(이것을 수화(水和)반응이라 한다)에는 반드시 열(수화열)이 동반된다. 시멘트가 굳어질 때 수화열이 나오는 것과 같은 원리이다. 이 수화열이 흙 속의 물을 증발시키고 이것에 의해 재료토의 함수비가 저하한다. 여러분 중에는 학교의 창고 등에서 발견되는 석회에 '우천 시 화상에 주의' 표시가 되어 있는 것을 본 적이 있으리라 생각한다. 이것은 바꿔 말하면 '수화열에 주의'라는 의미이다. 또한 석회에는 흙을 단립화(團粒化)하는 효과(이온교환반응), 고결화하는 효과(포졸란반응)가 있고 이들의 효과에 의해서 흙의 성질이 개량된다.

시멘트와 플라이애쉬 등도 기본적으로는 석회와 같이 각종 화학반응 효과를 초래한다.

근년의 환경문제 혹은 경제성에서 특히 잔토를 작업장 외부로 반출하는 것이 어려운 경향이 현저하고 이러한 안정처리공법 등에 의해 토질에 좌우되지 않는 성토재료의 사용이 요구된다.

성토에 발포 폴리스치롤을 쓰는 공법이 있다고 들었는데 어떤 효과가 있을까

하중경감에 의한 지반개량공법의 하나로 경량성토공법이라는 것이 있다. 이는 성토 자체의 하중을 가볍게 하는 것으로 지반에 걸리는 응력을 저감하고 지반침하 등의 영향을 작게 하는 것이다. 재료적으로는 발포 폴리스치롤, 기포모르터, 경량골재 등이 쓰인다.

이 경량성토공법 중에 근래 주목을 다시 받는 것이 고분자재료인 발포 폴리스치롤(EPS : Expanded Polystyrol)을 쓰는 공법으로 대형블록 모

양으로 형성된 발포 폴리스치롤을 겹쳐쌓음에 따라 용이하게 성토를 축조할 수 있다. 처음에 노르웨이에서 개발되었다.

특징은 뭐라고 해도 초경량이라는 것이다. 그 무게는 토목공사에 자주 쓰이는 것으로 20~40kg/m^{3}이고 통상 흙과 비교해서 약 1/100이다. 이만큼 가벼우면 인력으로 운반과 설치도 가능하다. 또한 압축강도가 있고 반복하중에도 거의 변화가 없고, 성토재로서의 강도도 충분히 고려하고 있다. 또한 다른 경량 성토재와 크게 다른 하나의 특징은 흡수성이 극히 적기 때문에 물의 침입이 없다는 것이다. 이로 인해 지하수위 이하에서도 이용이 가능하다.

현장에서의 적용예도 증가하고 있으며 철도와 고속도로의 확장공사 등에서도 흔히 볼 수 있다.

발포 폴리스치롤은 블록 형태 그대로 사용되는 것이 아니고 그 입자를 현장에서 혼합 교반하는 새로운 경량성토재로서의 개발도 진행되고 있다. 그리고 수밀성이 있어 제방 등에 이용될 가능성이 있고 건설잔토의 유효이용의 대책으로도 기대된다.

발포 폴리스치롤의 이용이 모두 좋다는 것은 아니다. 아는 바와 같이 발포 폴리스치롤에는 부력이 있다. 그 때문에 지하수위가 높은 장소에서는 커다란 부력을 받고 홍수가 나면 이 부력에 의해 성토가 파괴되어 버릴 가능성이 있다. 또한 자외선에 의해 재료가 열화하기 쉽고 가솔린에 접촉하면 융해되어버린다. 또한 발포 폴리스치롤 자체가 석유제품으로 화재 시에 연소의 가능성이 있다.

그렇기 때문에 발포 폴리스치롤 표면을 확실하게 흙과 시트, 경우에 따라서는 콘크리트로 덮을 필요가 있다.

재미있는 흙이야기

공사와 관련된 흙 7

7 공사와 관련된 흙

터널은 어떻게 뚫어나갈까

터널은 한번 보면 단순하고 간단한 구조물로 보인다. 하지만 거기에는 여러 가지 토목기술의 특징이 결집되어 있다.

기차와 자동차를 타고 산속을 통과할 때 만나는 터널은 비교적 단단한 암석을 드릴과 다이너마이트로 절단하여 굴착한 것으로 산악터널이라 불

린다. 한편 도시에 지하철과 상하수도시설을 만들기 위하여 굴착하는 터널을 도시터널이라 부른다. 도시터널은 산악터널과 달리 비교적 부드러운 지반 속을 도시 지하구조물에 영향이 미치지 않도록 시공하기 때문에 대개는 쉴드공법에 의해 굴착된다.

또한 해저와 하저 등에 건설되는 수저(水底)터널도 있다. 이 터널은 사전에 지상에서 터널의 복공을 만들어놓고 이것을 해저와 하저에 침하하는 침매공법이라 불리는 기술에 의해 건설된다. 세계최장의 수저터널인 세이칸(靑函)터널은 해저에 있으나 단단한 지반을 굴착하여 만들어진 산악터널의 일종이다.

그러면 산악터널의 건설방법에 관해서 살펴보자.

우선 터널의 루트를 계획할 때 터널의 용도, 지반조건, 주변환경 등을 조사한다. 지반조건은 터널의 굴착시공 시와 완성 후에 유지관리에 크게 영향을 미치는 것으로 중요하다. 조사에 의해 루트가 결정되면 다음은 측량이다. 그 측량이 잘 되지 않으면 양쪽으로부터 굴착을 진행할 때 서로 만날 수 없게 되어버린다. 측량은 시공 중에도 끊임없이 실시한다.

터널의 시공은 단면의 일부를 우선 굴착하고 도갱(道坑)을 뚫고 그 외 부분을 순차적으로 확장 굴착해나간다. 굴착한 부분이 붕괴되는 것을 막기 위하여 지보공이라 불리는 강철재를 굴착면을 따라 배치한다. 그 상태에서 굴착을 조금 더 진행하며 지보공에 작용하는 하중이 안정되면 이 토압하중에 대항하기 위하여 복공이라 불리는 50~100cm 두께의 콘크리트를 벽면에 타설해간다.

굴착공법에는 여러 종류가 있으며 지반의 상태에 따라 공법을 선택한다. 지질이 양호하고 지반이 안정되어 있는 경우에는 전단면을 한번에 굴착하는 전단면굴착공법을 사용한다. 드릴과 같은 착암기를 다수 갖춘 대형기계를 사용하는 것이 가장 효율적인 공법이다. 지질이 중간 정도이고 용수가 작고 짧은 터널에서는 단면의 상반부 단면을 먼저 굴착하고 그 부분의 복공이 끝나면 하반부를 시공해가는 반단면굴착공법이 채용된다. 지질이 특히 나쁜 경우에는 측벽도갱선진상부반단면(側壁導坑先進上部半斷面) 굴착공법을 이용한다. 하부 양측의 측벽에 도갱을 굴착하고 연속해서 천정 부근을 굴착하여 지보공을 배치하고 벽면에 복공을 설치한다. 이것들이 안정화되면 남은 하반부를 굴착하여 계획하였던 전체 굴착단면을 형성하는 것을 사이드파이롯(또는 사이로드)공법이라 부른다.

최근에는 지보공을 쓰지 않고 벽면에 콘크리트를 부착시키면서 락볼트를 타설하여 지반을 안정시키는 NATM(나틈)이라 불리는 공법도 개발되고 있다.

지하철은 어떻게 뚫어서 만들어질까

세계 최초의 지하철은 1863년 영국 런던에서 전체 길이 6km 구간으로 만들어졌다. 당시에는 증기에 의한 동력으로 운행되었다. 일본에는 현재의 은좌선(銀座線 : 긴자선), 상야(上野 : 우에노)-천초(淺草 : 아사쿠사) 간이 소화(昭和) 2(1927)년에 개통되었다. 그 이후 건설이 계속되어 현재의 지하철망을 완성시켰다. 현재는 지하철이 지상의 만성적 정체를 피하기 위한 도시교통의 주요 간선으로 되어 있다. 그러나 도시에 새롭게 지하철을 건설할 때는 도로, 빌딩, 라이프라인 등의 도시시설이 복잡하게 있는 지하를 뚫는 작업이 필요하다. 따라서 건설장소의 상황에 따라 여러 공법을 구사하지 않으면 안 된다.

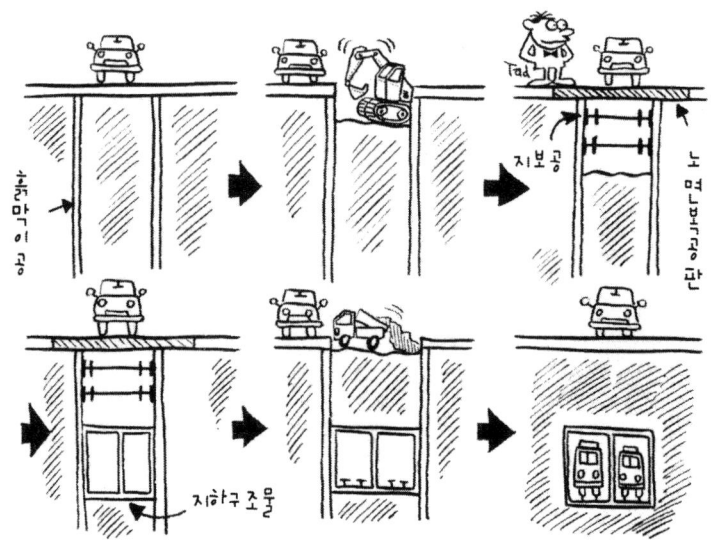

가장 일반적으로 넓게 쓰이는 공법은 개착(開鑿)공법이다. 이 공법은 지상구조물과 같은 복잡한 내부구조의 시공이 가능하고 또 경제적이므로 지하철 건설 외에도 지하주차장, 지하공동구 등으로도 채용되고 있다.

개착공법은 먼저 굴착한 구멍을 흙이 메워버리지 못하게 흙막이공법을 시공하여 조금씩 굴착하고 공사 중의 도로교통을 확보하기 위해 도로면에 복공판으로 불리는 강판을 깐다. 그리고 흙막이공법이 주위의 흙에 눌리기 때문에 지보공(支保工)을 사용하면서 소정의 깊이까지 필요한 공간을 굴착해간다. 그래서 확보된 공간에 철근콘크리트터널을 구축한 후 최후에 다시 메워서 노면을 복구시킨다. 이 일련의 작업 중에는 도시의 지하부에 여러 가지 라이프라인이 설치되어 있으므로 그들을 보호하는 작업도 빠져서는 안 된다.

그러나 도로와 철도를 횡단하여 큰 건물 밑을 통과할 경우에는 지면을 직접 개착할 수 없다. 최근에는 도시구조물에 대한 영향을 적게 하기 위하여 상당히 깊은 장소로 건설이 한정되어 있다. 그렇더라도 도시의 지하는 연약한 지반인 경우가 많아서 산악터널과 같은 굴착방법은 채용 불가능하다. 게다가 개착공법은 도로면의 일부를 점유하여 행하므로 지표의 심한 교통정체의 원인이 되고 소음, 진동 등의 영향이 있다. 이것이 도시부에서 결점으로 지적되었다.

그래서 쉴드공법이라는 굴착방법이 개발되었다. 이 공법은 기계화, 자동화가 진행되고 안정성이 높아서 도시터널의 유력한 공법으로 쓰이고 있다.

터널을 뚫기 위한 쉴드머신이란 무엇인가

쉴드공법은 도시지하의 연약지반에 터널을 뚫기 위해 개발되었다. 쉴드로 부르는 강철제의 원형통을 흙 안에 밀어 넣으면서 그 선단부를 굴착하고 굴착이 진행될 때마다 쉴드를 밀어 넣어 세그멘트로 부르는 복공을 그 후방에 설치해나간다. 쉴드머신이라는 것은 이러한 일련의 작업을 행하는 건설기계인 것이다. 굴착, 추진, 파낸 흙의 반출, 복공 등의 작업 대부분이 이 쉴드머신으로 행해지기 때문에 사람의 손은 그다지 필요 없다.

쉴드는 방패라는 의미로 선박의 목재를 갉아 먹는 벌레가 전방의 목재를 갉아먹은 다음, 목재 주위를 자신의 몸으로 지탱한 상태에서 분비물을 이용하여 그 목재가 붕괴되지 않게 단단히 굳히어 가는 것을 보고 프랑스인 마크블루넬이 1818년에 고안했다고 전해진다. 1825~1843년에 템즈강의 하저터널에서 최초로 사용되었다.

쉴드의 선단은 커터와 같이 되어 있고 그것이 천천히 회전하여 토사를

제거해나간다. 그 후방부에서는 쉴드를 추진시키기 위해 잭이 설치되고 그 뒤에는 세그먼트를 조립하는 장치와 토사를 운반하는 장치, 기계의 조작실이 있다.

쉴드의 선단부를 밀폐하여 그 안의 기압을 올려 굴착작업을 하는 방식을 압기(壓氣)쉴드공법이라 한다. 기압을 올리는 것은 굴착면에서 용수를 밀어내기 위한 것이다. 이때 이 속에서의 작업은 잠수병의 가능성이 있으므로, 연속하여 0.5에서 1.5시간밖에 작업을 행할 수 없고 감압시설이 필요하다.

굴착면에 대량의 물을 보내 토사를 이수화(泥水化)하여 파이프로 배출하는 방식을 이수가압쉴드공법이라 한다. 이수는 침전지에서 여과된 후 재사용되기 때문에 이수처리를 위한 시설이 필요하다. 최근에는 이수만이 아니라 흙을 다루기 쉽게 하기 위해 특수한 첨가제를 혼입한 이수와 기포제를 넣어 거품을 발생시킨 것을 흙과 섞어 사용하는 것이 개발되었다.

연약지반에서는 굴착한 흙 자체가 물을 가지고 있어서 전면을 밀봉하여 압력을 가하면 진흙이 흘러나온다. 이와 같은 방식으로 굴착토를 처리하는 것을 토압발란스쉴드공법이라 한다. 쉴드의 직경은 6m로부터 최근에는 10m 이상까지 있으며 안경과 같이 2개의 통을 갖춘 이형(異形)단면도 개발되고 있다.

한편, 산악터널 시공에도 이와 비슷한 굴착기가 개발되었는데 이를 터널보링머신(TBM)이라 한다. TBM은 여러 개의 회전하는 커터를 장착한 굴착전면(커터헤드)을 회전시켜 굳은 암반을 잘라가면서 뚫기 시작한다. TBM은 진동과 소음이 없고 작업에 필요한 인원도 기계조작을 위한 최소의 인원만 있으면 된다. TBM은 시공의 고속화, 안전성 향상 등을 이뤘다. 그러나 기계의 굴착하는 방향을 제어하는 것이 어려워 최근에는 레이저에 의한 측량기술과 컴퓨터에 의한 관리 기술을 조합한 시스템을 이용하여 굴착추진의 제어를 행하고 있다.

해상공항인 간사이공항은 어떻게 매립한 것일까

간사이(關西) 국제공항은 일본에서 최초로 24시간 운영 가능한 국제공항으로 1994년 9월에 개항했다. 이 공항은 일본 최초의 해상공항이기도 하다. 오사카만 남동부에 천주층(泉州沖) 약 5km 해상에 면적 510ha 공항섬으로 부르는 매립지를 조성하여 거기에 길이 3500m의 활주로를 포함한 공항시설을 건설하였다.

공항섬 건설예정 지역은 평균 수심 20m, 두께 약 400m에 달하는 연

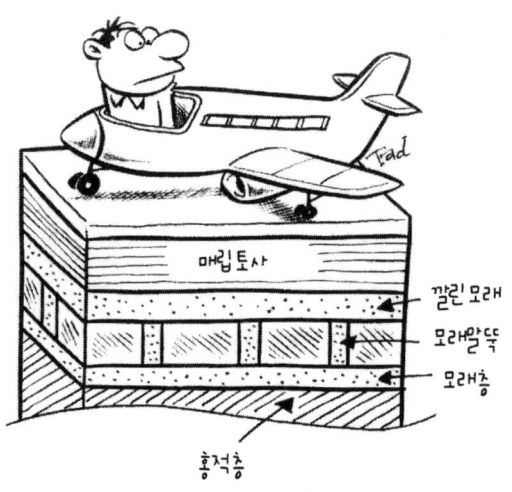

약한 충적점토층에 덮여 있다. 그 아래는 점토층과 모래층이 교대로 이루어진 홍적층이 넓게 분포하고 있는, 그야말로 문제성 해저지반이다. 충적점토층은 단순히 대량의 토사를 투입하면 그 무게로 침하해버리는 매우 연약한 층이다. 또 멋대로 토사를 투입하면 처음에 매립한 부분이 빨리 침하해버려 나중에 매립한 부분과 침하량이 달라져 평평한 지면으로 되지 않는다. 공항섬의 건설은 그야말로 지반침하와의 전쟁이었다.

매립에 따른 지반의 침하량을 예측하는 것이 필요하다. 실내시험에서 점토의 물리적 특성을 포착하여 그 결과를 이용한 컴퓨터 시뮬레이션에 의해 침하예측이 행하여져 공사에 활용된다.

한편 침하를 빠르게 하는 공사도 행해진다. 점토층의 침하는 점토 내에 물이 빠져나가는 것에 의해 생기는 압밀현상이다. 압밀이 진행되면 지반이 안정된다. 압밀을 촉진하기 위해서는 점토 내에 물을 빨리 빼내기 위해 점토층에 미리 파이프의 역할을 하는 것을 말뚝처럼 박아 넣어 이를 통해 침출시킨다. 이 같은 공법을 드레인공법이라 하고 점토에 묻어놓은 파이프의 종류에 의해 모래말뚝을 묻는 샌드드레인공법, 특수한 섬유를 묻는 페이퍼드레인공법 등이 있다. 공항섬에서는 샌드드레인공법이 채용되었고 충적점토층 안에 직경 40cm의 모래말뚝을 다져 넣어 위에서 토사에 의한 무게를 가하여 점토 중의 수분을 빼면서 지반을 5~6m 압밀침하시켰다. 그와 같이 하여 박아 넣은 모래말뚝은 실제로 약 100만 개에 달한다.

매립공사에는 약 1억 8천만cm^3의 토사(10톤 대형덤프로 약 4천만 대분)를 몇 개층으로 나누어 평탄해지게 투입하여 침하의 모양을 관측하면서 최종적으로는 해저에서 약 33m, 즉 거의 10층 건물의 높이까지 쌓아 올렸다. 공사에 있어서는 침하량을 예측하고 또한 공사를 안전, 확실,

신속하게 시공하기 위해 철저하게 합리화한 공사 절차와 컴퓨터 등을 사용하여 토사투입 시에 정확한 위치를 추정하는 등 고도의 시공관리가 활용되었다.

완성 후에도 침하가 예상되기 때문에 공항섬에 건설되는 구조물에는 침하에 대비한 장치가 설치되어 있다. 예를 들면 공항터미널 건물기둥의 기초 부분에 잭이 설치되어 있어 침하 시 공항 건물을 들어 올릴 수 있다. 에프론 포장에도 같은 설비가 설치되어 있다.

아카시대교와 같은 장대 현수교를 지탱하는 바다 가운데의 교대는 어떻게 만드는 것일까

아카시(明石)해협대교는 고베시(神戸市)와 아와지섬(淡路島) 간의 아카시해협에 가설된 길이 3910m, 중앙지간길이 1990m의 3경간 2힌지 보강 트러스 현수교(세계 최장 현수교)로 평성 10년(1998) 봄에 완성되었다. 오사카만과 하리마나다(播磨灘)를 연결하는 아카시해협은 폭이 약 4km나 된다. 다리를 건너려는 루트에서의 최대수심은 110m, 조수흐름의 빠르기는 매초 4.5m에 달하는 등 공사하는 데에 있어 매우 까다로운 조건이다.

현수교는 중앙 2본의 기둥(주탑) 사이의 케이블을 통하고 그 케이블을 양단의 토대(앵커리지)에 세워두고 그 케이블에 매어단 구조이다. 주탑과 앵커리지에는 거대한 하중이 작용하기 때문에 강하고 견고한 기초가 필요하다.

아카시해협대교의 경우 주탑을 지지하는 기초 부분에는 10만 톤의 힘

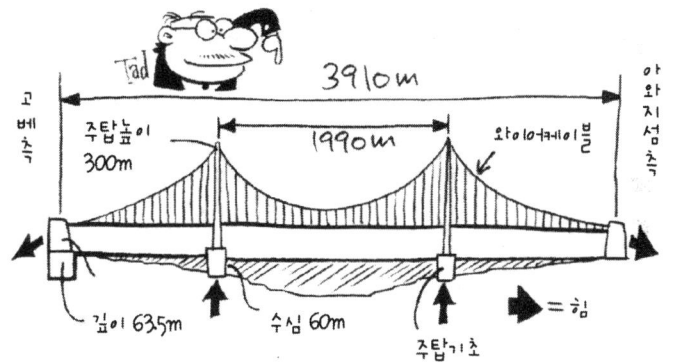

이 가해진다. 그 때문에 기초 부분은 딱딱한 암반 위에 직접 올려지게 설계되었다.

먼저 아카시층으로 부르는 딱딱한 지반을 그 유명한 한신코시엔(甲子園) 야구장만 한 넓이로 깎아 평탄하게 하는 작업으로 시작하였다. 이 작업은 크랩굴착선으로 부르는 굴착용의 큰 셔블을 가진 배로 행해졌다. 그러나 기초가 되는 장소는 수심이 60m나 되고 조류가 심하고 배가 흔들리는 속에서 작업을 하지 않으면 안 되기 때문에 굴착의 정밀도가 문제가 된다. 그래서 무인잠수기 등에 의해 굴착상황을 관측하면서 진행하여 그 결과 굴착면에 울퉁불퉁한 것이 ±20cm 내로 마치는 정밀도로 굴착하게 되었다.

주탑 기초 자체는 공장에서 제작된 직경 80m의 강철제 케이슨으로 이것을 바다에 띄워 현장까지 운반하고 거기에 대량의 콘크리트를 흘려 넣어 가라앉혀 원하는 위치에 설치하였다. 투입된 콘크리트는 수중에서 단단해지고 굳어진 뒤에도 충분한 강도를 보유하는 특수한 수중 불(不)분리성 콘크리트가 쓰였다.

한편 앵커리지는 해안부근에 설치하기 위하여 매립해서 확보하여 건설되었다. 고베 측의 앵커리지 기초 본체는 직경 85m, 깊이 63.5m의 거대한 원형 콘크리트제의 통이다. 통의 벽은 지하연속공법이라고 하는 방법으로 만들어졌다. 지반벽의 부분에 해당하는 부분만을 굴착하여 거기에 철근과 콘크리트를 넣어서 통에 벽을 먼저 만들어두고 그 후 내부를 용이하게 굴착하고 그곳에 수분량이 매우 작은 댐용의 콘크리트를 대량($232000m^3$) 타설하여 굳히고 기초로 하였다.

그 기초 위에 콘크리트제의 앵커리지 본체를 설치하였다. 앵커리지 본체에는 케이블을 고정하는 앵커프레임이 매립되어 케이블과 철골이 복잡하게 들어가 있다. 그와 같은 곳은 콘크리트가 주위로 퍼지기 어려우므로 유동성이 있는 다짐이 필요하지 않은 고유동 콘크리트를 사용한다. 앵커리지 본체에는 14만m^3, 35만 톤의 콘크리트가 필요했다.

철도 레일 밑에 흙이 아닌 자갈이 깔려 있는 것은 왜일까

선로는 열차의 통로가 되는 레일과 침목, 도상 및 그 부속품들과 이것을 지지하는 노반을 통틀어 일컫는 말이다. 침목은 레일에 작용하는 열차의 무게를 도상에 균등하게 전달하는 역할을 수행하고, 도상은 레일과 침목을 균일하게 지지하여 거기에 작용하는 하중을 넓게 분산시켜 그 밑의 노반에 전하는 역할을 갖고 있다. 우리들이 눈으로 보는 선로의 자갈은 이 도상에 해당한다.

도상에는 열차 1개의 차륜에서 7톤 정도의 힘이 작용하므로 그것을 지지하기 위해서는 아주 튼튼하지 않으면 안 된다. 또 궤도의 물을 재빨리 배수하거나 한랭지에서는 동상을 방지하기도 한다. 또한 궤도의 고장을 용이하게 수정 가능하도록 어느 정도 가동성도 가지고 있어야 한다. 거기서 쿠션의 역할을 하고 물빠짐이 좋고 재조정이 가능한 재료로 쇄석(Ballast라 한다)과 자갈이 쓰인다. 이와 같은 재료는 튼튼하여 마모하기 어렵고 폭풍과 비바람을 맞아도 변질하지 않는다. 게다가 값 싼 가격에 손에 넣을 수 있다. 이 쇄석과 자갈을 굳힌 도상을 '밸라스트 도상'이라고 한다. 일본에서는 각 지역 하천의 자갈이 넓게 쓰이고 있으나 최근 양질의 것은 고갈되고 대개는 산으로부터 채취한 암석을 잘게 부순 쇄석이 쓰인다. 용광로에서 부산물로 생기는 강재(슬러그)를 알맞은 크기로 분쇄한 것도 쓰이고 있다.

밸라스트 도상의 단면형상은 대형(臺形)이고 그 표면은 수평으로 침목의 상면과 일치하고 있다. 침목 아래의 밸라스트 두께는 열차의 중량과 속도, 노반의 지지력, 침목의 배치간격에 따라 20~25cm 정도로 결정된다. 한 번 보면 여기저기 무작위로 깔려 있는 듯이 보이지만 레일면이 열차 통과에 의해 동요하지 않도록 자갈과 쇄석은 충분히 다져져 있다. 다지기는 레일 부분은 잘 다지고 침목의 중앙부와 단부는 간단히 밸라스트를 충전하는 것으로 그친다. 이 부분을 너무 강하게 다지게 되면 열차에 의해서 침목이 침하할 때 레일이 경사져버린다. 밸라스트 도상은 열

차 통과에 의한 진동 등에 의해 조금씩 어긋나게 되므로 항상 보수작업이 필요하다.

그러나 지하철과 신간선의 일부 레일에 이와 같은 밸라스트 도상이 눈에 띄지 않는 것이 있다. 그 대신에 콘크리트제의 노반 위에 콘크리트제의 도상과 침목이 설치되어 있다. 이것은 '슬래브 궤도'라 불린다. 슬래브 궤도에서는 쇄석과 자갈이 행하는 쿠션역할을 노반과 도상 사이에 두께 5cm 정도의 탄력성이 풍부한 시멘트 아스팔트, 레일과 침목 사이에 설치한 탄성체결장치가 한다. 슬래브 궤도의 건설비는 비교적 고가이나 한 번 건설하면 레일의 고장이 생기기 어렵고 보수경비가 경감되는 등의 많은 장점이 있다.

토공사용 건설기계에는 어떤 것이 있을까

토목공사라 하면 곧 흙을 굴착하거나 성토하는 공사를 떠올리듯이, 구조물을 만들기 위해서는 필히 이러한 기초를 성형하는 토공사가 필요한데 토목공사 중에서도 가장 기본적인 작업이다.

토공사에는 흙을 파거나(굴착), 매립하거나(되메우기), 절토하기도 하고(절토), 성토하기도 하고(성토), 운반하기도 하고(운반), 다짐도 하는 작업을 포함하고 있다. 이들 작업은 규모가 작으면 스코프 1개로 행해지나 일반적인 토공사는 건설기계를 사용하여 시공되는 것이 보통이다. 그러므로 공사의 성공여부는 건설기계를 얼마나 유효하게 사용하는가에 달려 있다고 해도 과언이 아니다.

배토와 굴착기계는 토공기계의 주력이 되는 것으로 그 종류도 가장 많다. 잘 아는 불도저는 배토기계의 대표로 짧은 거리면 그대로 운반도 행하는 편리한 기계이고 토공사의 현장에는 반드시 볼 수 있다. 그 외에 치는 타격력에 의해 연암을 파쇄하는 레이크도저, 토공판을 진행방향에 대해 좌우로 30° 정도 기울여 움직이는 앵글도저 등도 불도저의 일종이

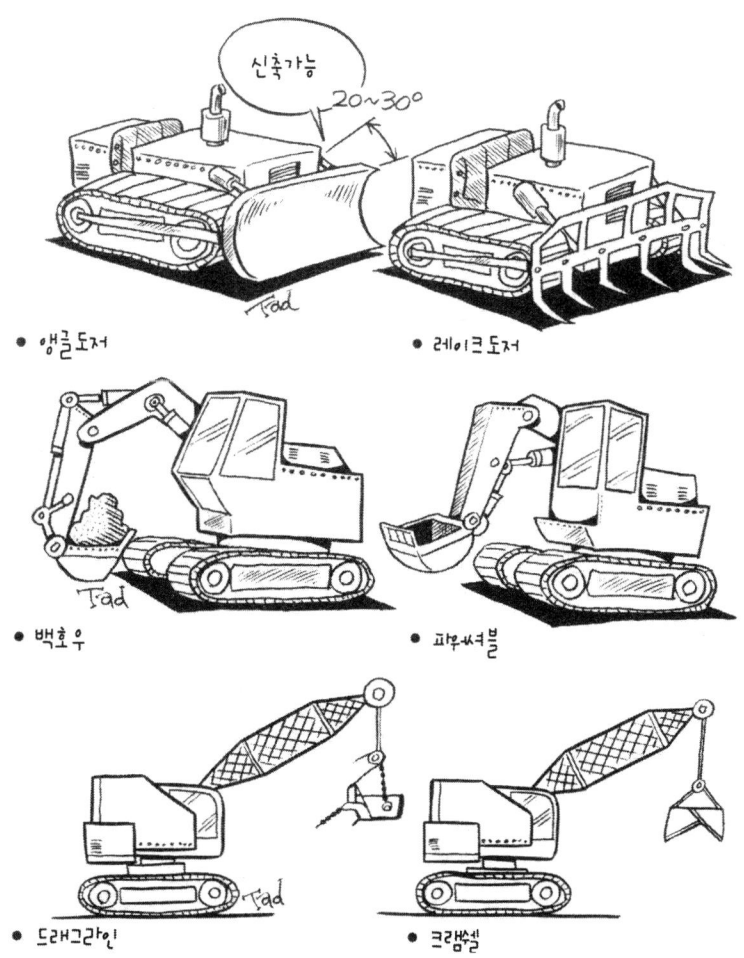

- 앵글도저
- 레이크도저
- 백호우
- 파우써블
- 드래그라인
- 크램쌀

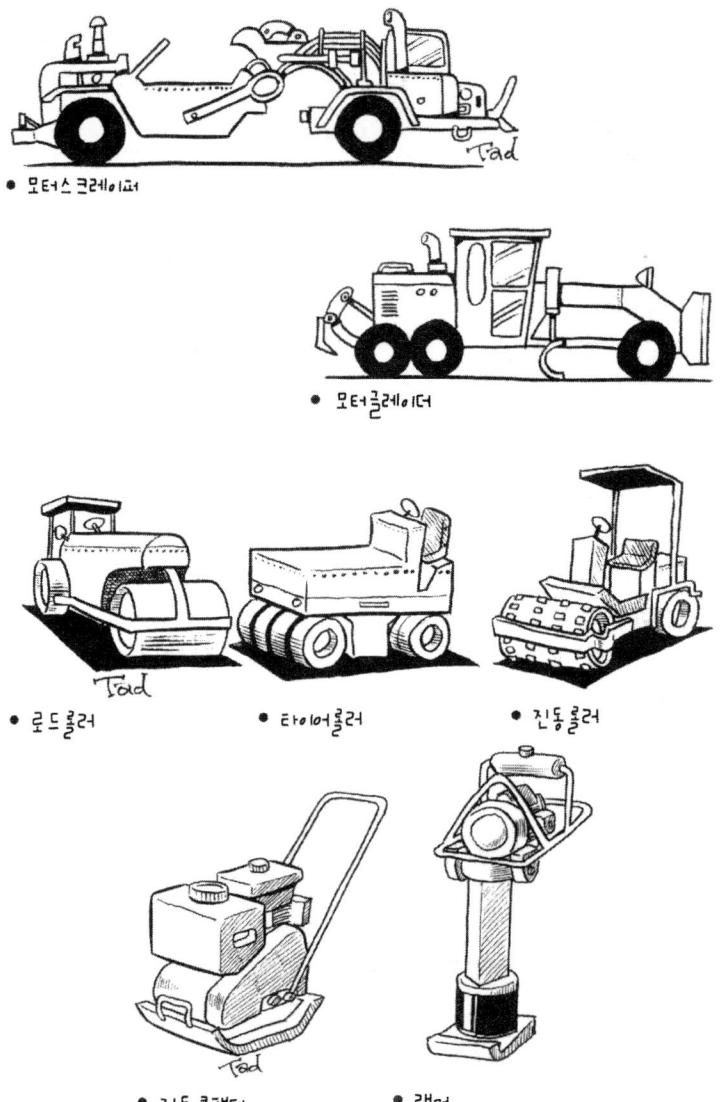

● 모터스크레이퍼

● 모터글레이더

● 로드롤러   ● 타이어롤러   ● 진동롤러

● 진동콤팩터   ● 램머

다. 굴착기계는 셔블계의 굴착기를 주체로 하고 어태치먼트로 교환하는 것에 의해 여러 가지 작업이 가능하다. 굴착위치가 높은 경우에는 파워셔블, 백호우, 수중의 굴착에는 드레그인과 크램쉘을 이용한다. 또한 말뚝 구멍을 팔 때는 어스드릴을 사용한다.

흙의 운반에는 덤프트럭이 일반적이다. 또 스크레이퍼는 운반을 시작으로 굴착, 적재, 사토, 땅 고르기 등을 1대로 가능한 편리한 기계이다. 스크레이퍼에는 자주식 모터스크레이퍼와 피견인스크레이퍼가 있다. 벨트 컴베이어 등도 가까운 거리에서 연속적으로 대량의 토사를 운반하는 것이 가능하다.

흙의 고르기에는 모타그레이더라는 기계를 쓴다. 전륜과 후륜 사이에 단단한 흙을 퍼 올리는 갈고리(스캐리파이어)와 흙을 펼치는 토공판이 부착되어 있다.

다짐 기계로는 다짐방식에 의해 정적 압력의 것, 진동에 의한 것, 충격에 의한 것으로 나눌 수 있다. 로드롤러와 타이어롤러는 정적 압력에 의한 것이고, 진동롤러는 진동에 의한 것으로, 각각 주행하면서 자중 또는 진동에 의해 흙을 다지는 기계이다. 진동 컴팩터, 램머 등은 소형경량으로 좁은 장소에서 다짐작업 시 쓰인다.

그 밖에 각각의 작업에 쓰이는 기계는 여러 가지가 있지만 작업의 규모와 흙의 성질 등의 조건에 딱 적합한 기계를 선택하여 효율 있게 운영하는 것이 중요하다.

토공에서 절토, 성토작업을 효율적으로 하려면 어떻게 하면 좋을까

 흙을 파거나 깎거나 운반하거나 하여 지반을 성형하는 작업의 총칭을 토공이라 하고 이 토공작업을 효율 있게 행하기 위해 현장의 흙을 유효하게 이용하도록 계획을 세우는 것을 토량계획이라 한다.
 흙의 양은 그것이 지반에 그대로 있을 때, 굴착을 했을 때, 다짐을 했을 때 각각의 상태에 의해 체적이 변화한다. 철도나 도로와 같이 긴 거리에 달하는 토공에서는 이와 같은 토량의 변화를 고려하지 않으면 시공 중에 현저히 흙의 과부족이 생긴다.

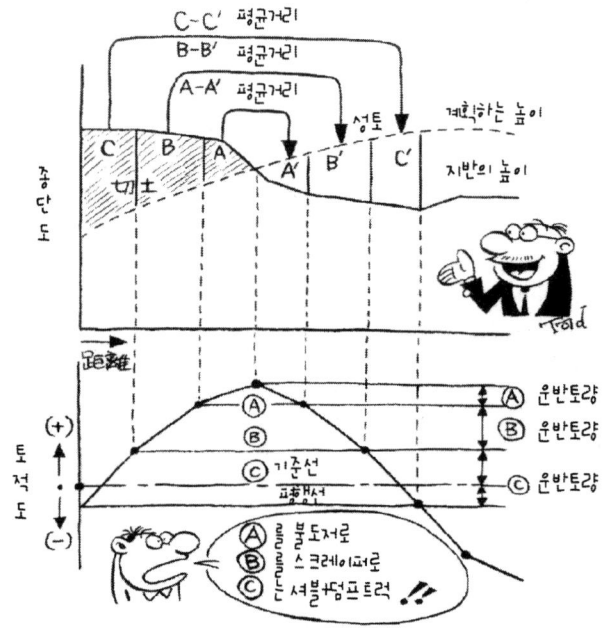

예를 들면 굴착하려는 흙이 보통토로 그 체적을 1로 한다. 그 흙을 잘라 운반할 때에는 부풀어 1.30~1.45배가 되지만 그것을 성토하는 부분에 운반하여 다지게 되면 이번에는 원래 흙의 0.85~0.95배로 줄어든다. 이 변화율은 흙의 종류에 의해서도 달라진다. 이 같은 흙의 체적의 변화를 토량계획, 토량배분계획에 반영시키지 않으면 안 된다.

토량의 배분은 '토량×운반거리'로 표시되는 일량을 최소로 하도록 계획되어 유토곡선(mass curve : 누가곡선)이라는 것을 써서 행한다.

유토곡선은 절토를 +, 성토는 - 하여 각점에서의 누가토량을 구해, 종단 방향의 거리에 맞추어 플로트한 것이다. 이 경우에 토량은 다짐 후의 토량으로 계산한다. 이 같이 구한 곡선을 토적곡선이라 한다.

토적곡선에는 다음과 같은 성질이 있다.

① 곡선의 최대치, 최소치를 나타내는 점은 절토에서 성토로, 성토에서 절토로의 경계가 된다. 곡선의 상승은 절토, 하강은 성토를 나타낸다.
② 수평선(평형선)과의 교점에서는 절토량과 성토량이 같다. 그 교점 간의 거리는 절토, 성토 상호의 운반에 요하는 거리를 나타낸다.
③ 평형선에서 곡선의 정점 및 저점까지의 높이는 절토에서 성토로 운반해야 할 전토량을 나타낸다.

대규모적인 토공에 있어서 이 토적곡선을 이용하여 토공기계의 기종 선정 및 운반거리, 운반토량 등도 계획된다.

토량계획 및 토량배분계획은 공사 전체의 소요비용과 소요시간에 크게 관계하기 때문에 시공계획 중에서도 중요한 위치를 점하고 있다.

지반에는 지지층이라 불리는 부분이 있다는데 어느 층인가

　문명은 지상에 거대한 건조물을 구축해왔고 이것이 가능했던 것은 그들을 지탱하는 견고한 지반이 있었기 때문이다. 예를 들면 이집트의 피라미드에는 1개, 10톤의 돌이 230만 개 사용된 상당히 무거운 건축물로, 이 피라미드는 지반 위에 건설되었다. 이 지반은 피라미드를 지지하는 것에 충분한 지지력을 가지고 있고 이것들을 건축한 사람들은 그것을 잘 알고 있다고 한다. 이와 같이 건축물을 지지하는 강고한 지반의 부분을 지지층이라 한다.

　일본 도시의 대부분은 충적세에 생성된 충적평야라 불리는 젊고(약 6천 년 전에 형성되었다) 연약한 지반 위에 있기 때문에 보통 생각하면 커다란 건축물은 건설이 불가능하다. 그곳에 고층빌딩 등 많은 거대한 건축물은 기초말뚝을 충적층의 아래에 어느 층까지 타설하고, 그 지지력으로 건축물을 지지하고 있다. 충적층의 아래는 홍적세에 체적된 잘 다져진 자갈층과 작고 단단한 점토층이 교호하여 중첩된 구조로 되어 있고 이층의 최상부의 자갈층을 지지층으로 이용하고 있다.

　오사카의 지지층은 천만(天滿)자갈층이라 불리고 서 오사카평야에서는 깊이 20~40m의 곳에 옆으로 놓여 있고, 상정대지(上町臺地)에서는 거의 지표면에 얼굴을 내밀고 있다. 동경에서는 동경 자갈층이라는 지지층이 있다.

　이러한 것으로부터 큰 건조물을 건설하는 경우에는 지지층이 어디에 있는지가 커다란 문제이다. 따라서 건설 예정지의 지질도를 조사하고 표준관입시험 등을 시행해서 지지층을 확인해야 한다. 또한 동시에 지지층의 깊이와 성질도 파악해야 한다. 이 조사를 기본으로 하중의 대소, 시공상의 난이도, 경제성 등을 고려하여 기초공사의 공사 종류가 결정된다.

지반의 지지력은 N값에서 결정된다. N값이라는 것은 무게 63.5kg의 해머를 높이 75cm에서 자유낙하시키고, 표준시험관입용 샘플러가 30cm 관입하는 데 필요한 타격 횟수를 말한다. N값은 지반의 지지력만이 아니라 여러 가지 지반의 특성을 추정하는 지표이다. 이 N값을 구하는 시험을 표준관입시험이라 하는데 이는 지반의 조사에 꼭 필요한 시험이다. 일반적으로 N값이 30 이상인 층이 지지층으로 적합하다고 할 수 있다.

구조물을 지지하는 기초공에는 어떤 것이 있을까

빌딩과 교량 등의 구조물을 지반 위에 건설할 때 지반에 직접 기둥과 벽을 세우면 침하하기도 하고 전도되기도 한다. 따라서 기초를 구축하고 건물의 하중을 분산시켜서 평균적으로 지반에 전달시키는 방법이 요구된다. 이와 같이 지반이 구조물을 안전하게 지지하도록 하는 공사를 기초공이라 한다.

기초공에는 직접기초, 말뚝기초, 케이슨기초 등이 있다.

직접기초는 지표 가까이에 지지기반이 있는 경우 말뚝을 쓰지 않고 직접 그 아래의 지반에 하중을 전달하는 형식이다. 비용이 싸고 확실한 기초이지만, 지지층이 얕은 경우에 한한다. 직접기초에는 푸팅이라고 불리는 사람의 발과 같은 형태의 푸팅기초와 건물의 저면 전체를 지반에 직접 올려놓는 전면기초가 있다. 푸팅을 기둥 부분에만 연결하게 되면 기초가 독립되어 있기 때문에 각각의 기초에 서로 다른 침하(부동침하)가 발생하여 건물이 기울어져버린다. 그렇기 때문에 기초 사이를 보로 연결하는 지중보 구조도 있다. 전면기초는 지반에 두꺼운 콘크리트판을 타설하고 그 위에 구조물을 올리는 형식이다. 말뚝기초는 지반에 많은 말뚝을 타설하고 말뚝선단부를 지지지반에 정착시키고 그 위에 구조물을 시공한다. 하중이 큰 구조물로서 지지가능한 지반이 깊은 곳에 있는 경우에 이 방식이 선택된다. 동경타워와 같이 높은 구조물의 경우 바람 등에 의해 구조물을 뽑아 올리려는 힘이 작용한다. 이 경우에는 인발력에 대한 대책도 필요하다. 말뚝기초는 말뚝의 제조방법에 따라 공장 등에서 제작된 말뚝에 의한 기성말뚝(프리케스트말뚝)공법과 현장에서 직접 타설하는 현장타설말뚝공법으로 분류된다.

케이슨 기초는 미리 커다란 원통형의 상자(이것을 '케이슨'이라고 한다)를 지상에서 제작한 다음, 이것을 원하는 지층 아래까지 지반을 파내려가면서 설치한 후 그 내부를 콘크리트와 모래에 의해 충전해서 만든 기초를 말한다. 케이슨을 매립할 때는 선단부를 굴착하면서 케이슨 자체의 무게로 침하시킨다. 시공형식에 따라서 오픈케이슨과 뉴매틱케이슨

으로 나눠진다. 주로 장대교량의 교대등에 쓰인다.

　기초공은 깊으면 깊을수록 크고 무거운 구조물을 지지하는 것이 가능하나, 반대로 공사규모는 커지고 비용도 고가가 된다.

　또한 연약한 지반인 만큼 깊은 기초가 필요하다. 일반적으로 점성토지반은 지지력이 작고 침하가 장시간 계속되므로 부등침하가 생기기 쉽다. 이러한 경우에는 구조물의 기초를 일체형 구조로 할 것인지, 지지가 가능한 지반까지 말뚝을 타설할 것인지를 결정하게 된다. 경우에 따라서 지반개량을 실시하는 것이 경제적인 경우도 있다. 한편, 사질토지반은 비교적 조건은 좋으나 지진 시의 액상화 현상과 물에 의한 세굴(洗掘 : 땅이 파이는 현상)이 염려되는 경우에는 역시 깊은 기초를 실시할 필요가 있다.

흙막이공사에는 어떤 시공방법이 있을까

　지표면보다 아래에 지하철과 상하수도 시설 혹은 기초를 만들기 위해 적당한 크기의 공간을 굴착하는 공사가 자주 행해진다. 이는 그 공간 속에 필요한 구조물을 건설하려는 까닭이지만 그 작업 중에 주변 토사가 무너져 내리지 않게 하기 위한 가설구조물을 흙막이공이라 한다.

　흙막이공은 흙막이벽과 이것을 지지하는 지보공으로 구성되며 시공방법에 따라 몇 개의 공법으로 나누어진다.

　그중 일반적인 것은 토류판식 흙막이공법으로 직접 토압을 받는 토류판을 사용한다. 토류판이란 널빤지 모양의 판으로, 그 재료로는 강제판,

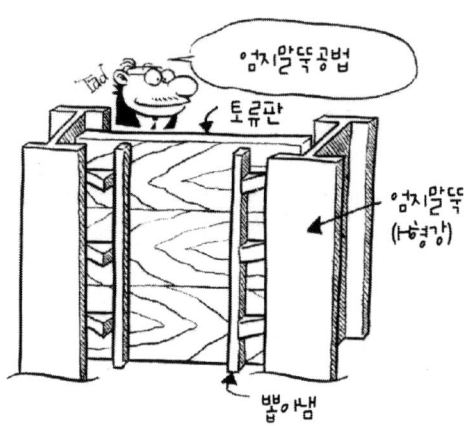

강관판, 콘크리트판, 목제판 등이 있는데 내구성과 지수(止水)성 및 재사용성의 이유로 인해 강제판이 가장 많이 사용되고 있다.

그러나 굴착깊이가 깊어지면 흙막이벽만으로 토사를 유지하기가 어려우므로 여러 가지 방안이 필요해진다. 흙막이 벽의 외측에 충분한 토지가 있을 경우에는 앵커에 의해 토류판을 지지하는 앵커식이 이용된다. 반면 충분한 토지가 확보되기 어려운 경우에는 마주 향하고 있는 토류판 사이에 버팀목과 같이 띠장을 설치하기도 한다. 이 방법은 가장 많이 사용되는 것으로, 깊이 30m 정도까지 적용 가능하다. 그러나 이 방식은 띠장 자체로 인해 굴착 공간이 좁아질 뿐 아니라 굴착이 진행될 때마다 띠장을 시공하지 않으면 안 되기 때문에 공사기간도 길어져서 최근에는 강성이 높은 강재를 사용하여 띠장의 간격을 넓히는 방법이 행해진다.

토질이 비교적 양호할 때는 엄지말뚝공법이 널리 쓰인다. 엄지말뚝으로 H형강 등을 흙막이 예정선을 따라서 1~2m 간격으로 타설하고, 굴착 진행에 따라 횡방향의 토류판을 엄지말뚝 사이에 끼워 넣어 흙막이벽으로 만드는 방법이다. 횡방향 토류판에는 나무판이 일반적으로 쓰인다.

또 도시 내의 굴착공사의 흙막이공으로 소음, 진동 등의 공해문제에 대처하기 위해 생각해낸 연속지중벽공법이라는 공법도 있다. 이 공법은 보링공을 뚫으면서 보링공 내에 벤토나이트용액 등을 채움으로써 보링공면의 붕괴를 방지하면서 굴착한 후 그 내부에 콘크리트를 타설하여 지중에 연속적인 흙막이벽을 구축하는 방법이다. 다른 공법에 비해 큰 토압에도 견딜 수 있는 장점이 있는 반면 비용이 든다.

일반적으로 굴착깊이가 1.5m 미만일 때에는 보호공없이 그냥 굴착해도 되지만 그 이상의 경우에는 반드시 흙막이공을 행하게 된다. 또 흙막이공에서는 흙막이벽이 파괴하지 않도록 주의하는 것은 물론이며 지하수위가 높고 연약한 사질지반에서는 보일링(저면에서 물이 뿜어져 나오는 현상)현상, 연약한 점토층에서는 히빙(heaving : 저면에 흙이 부풀어오르는 현상)에도 주의가 필요하다. 이런 현상이 일어날 경우에는 흙막이공을 굴착면보다 깊이 파는 대책이 필요하다.

토공사 중에 발파실시 여부는 어떻게 정해지는가

폭약에 의해 암석을 파괴하는 것을 발파라 한다. 발파에는 광산개발과 터널공사 시에 주로 실시되는 갱도발파와 단지조성 공사 등에서 주로 실시하는 갱외발파가 있으며 암석의 파쇄를 주된 목적으로 실시하고 있다.

    비교적 넓은 장소에 연암과 보통암에 대해서는 대형 불도저의 배토판 후부에 리퍼로 부르는 기기를 부착하고 그 타격에 의한 암석을 파쇄하는 방법을 들 수 있으나, 대규모적인 경암의 굴착에는 발파에 의한 방법이 가장 일반적이면서 경제적인 수단이다.

    발파에서 가장 보통으로 쓰이는 폭약은 다이너마이트이다. 다이너마이트는 니트로글리세린을 규조토, 면화약에 물들여 만든 폭약으로 1866년에 스웨덴의 노벨에 의해 발명되었다. 그 밖에도 ANFO(질산암모늄유제폭약), 저폭속폭약 등의 폭약이 사용된다.

    갱외발파에는 발파에 의해 상부로부터 차례로 계단식 굴착면을 폭파해가는 벤치컷트라는 방법이 현재 가장 많이 채용되고 있다. 이 발파의 특징은 폭파효율이 좋고 안정성도 높고 기계화가 가능해서 대량으로 굴착을 행하는 것이 가능하다는 점이다.

    갱도발파로는 먼저 최초에 굴진면(막장)의 중심 부근에 적당한 크기의 공동을 만드는 발파를 행한다. 이 발파작업을 심빼기 발파라 하고 이 발파에 의해 새롭게 생긴 자유면을 이용하여 발파를 하여 굴착을 진행해간 다. 여기서 폭약을 장전하지 않는 구멍을 몇 개 뚫어놓는 방법이 있다. 이것을 버언커트(burn cut)공법이라 하는데, 이는 구멍을 뚫음으로써 자유면을 늘리는 방법이다. 자유면이란 발파를 하여 파괴되는 암석 등이 공기와 닿는 면을 말한다. 이 자유면이 많을수록 발파의 효율은 좋아지게 된다.

그 밖에 암석의 큰 덩어리를 잘게 분쇄하는 소할발파(또는 2차발파), 수중에서 행하는 수중발파 등이 있다. 수중발파는 항만과 하천 등의 장애물을 제거하고, 교각의 기초와 어초(어장의 일종)를 만들기 위해 혹은 지진탐사를 위해 행한다. 수중에서는 수심이 10m가 넘을 때마다 1기압의 압력이 증가되므로 폭파에 의한 압력이 작아진다. 제품에 따라서는 폭파가 중단되는 것도 있으므로 수압에 잘 견디는 것을 사용할 필요가 있다.

GPS가 토목공사에서도 사용된다는데 사실인가

GPS란 Global Positioning System(전지구측위 시스템)의 약자로 고도 2만km에 쏘아올린 인공위성을 사용하여 지구상에 임의의 위치를 측정하는 시스템으로, 원래는 미국국방성이 군사목적으로 개발한 것이다. 이 인공위성의 여러 정보는 P코드와 C/A코드 2종류로 코드화되어 지구상에 보내진다. 이때 P코드는 군사용이지만 C/A코드는 민간에 개방되어 누구나 자유로이 무상으로 이용할 수 있다.

　우리들에게 가장 친근한 GPS 이용은 요즈음 보급률이 눈부신 자동차 내비게이션시스템이다. 이를 통해 자기가 지금 어디를 달리고 있는지 혹은 목적지는 어떻게 지정하면 좋은지 등 차를 운전하는 이상으로 매우 유용한 정보를 지금 그 자리에서 확인하는 것이 가능하다. 또 지진과 화산분화의 전조에 따르는 지각변동을 파악하기 위해 일본 내에서는 150개 정도의 GPS정점관측이 행해지고 있다.

　이 같은 GPS는 건설공사에서는 새로운 측량기술로 각 방면에서 연구·이용된다. 종래의 측량방법에 비하면 ① 혼자서도 가능하다. ② 수신기를 늘리면 여러 지점에 대해 동시계측이 가능해진다. ③ 광역으로 3차원 지형측량이 순식간에 가능해진다. ④ 24시간 리얼타임의 계측이 가능하다 등의 이점이 있다. 이것은 대규모 공사일수록 그 이점이 충분히 발휘된다.

　예를 들면 인공섬, 해상공항과 연약지반에서의 대규모적인 토지조성 등의 공사에는 성토와 절토 등에 의한 지반의 변동과 성토 자신의 움직임을 정확하고 신속하게 포착할 수 있으면 그 정보를 토대로 성토의 과부상태와 침하대책의 조기예측이 가능하다. 더구나 이러한 데이터를 컴퓨터를 사용하여 관리하면 제품관리와 토량관리를 리얼타임으로 종합적으로 포착할 수 있게 된다.

지금 현재로는 실제로 이용하기에 어느 정도 문제점이 있는 것이 현실이다. 첫째, 전자층과 시계의 영향 등 각종 오차요인에 의해 작업효율성과 정밀도의 관점에서 문제가 있다. 둘째, 측량하고자 하는 장소의 주변이 나무 등으로 둘러싸여 있을 때 위성을 포착하는 것이 불가능하므로 활용이 불가능한 일이 발생한다.

그러나 앞으로 GPS는 여러 분야에서 폭넓게 사용될 것이다. 환경만 조성된다면 그 계측오차는 실거리 100km 정도에서 수 밀리미터로 엄청난 정밀도를 갖고 있기 때문이다.

재미있는 흙이야기

재해·환경에 관계되는 흙 8

8 재해·환경에 관계되는 흙

대도시 지반침하는 어떠한 원인으로 일어나는가

관동평야와 농미평야(濃尾平野) 등에 존재하는 제로미터지대(해발 0m 이하의 저지대)는 주로 지하수를 과도하게 퍼올려서 생긴 지반침하지대다. 원래 관동평야에서는 카스린(Kathleen)태풍, 농미평야에서는 이세완(Isewan)태풍에 의해 지반침하지대가 큰 홍수피해를 입었다.

사실 지반침하 자체는 매우 천천히 넓은 범위에 걸쳐 일어나기 때문에 홍수와 태풍이 발생하고 나서야 처음으로 농사짓는 토지가 해면이나 하천 수면보다 낮게 된 것을 알게 된다.

제로미터지대의 지반 아래는 풍부한 지하수를 함유한 모래자갈층과 그 주위의 점토층이 두껍게 퇴적되어 있었기 때문에 처음에는 모래자갈층 내의 지하수만으로도 지하수 이용이 부족하지 않았다. 그러나 지하수 이용이 늘어나면서 모래자갈층 내의 지하수가 고갈되어버렸고 이어서 그 주위의 점토층에 부착되어 있던 수분까지도 퍼 올리게 되어 결과적으로는 점토층의 압밀수축현상이 일어나 그 위에 있는 지반이 침하하게 된 것이다.

이 때문에 1970년경부터 지하수의 이용이 규제되게 되었다. 그 덕택에 대도시 지반침하도 점점 안정화로 향하고 있다. 그러나 한편, 적설지역에서는 제설장치(지하수를 도로에 뿌려 눈을 치우는 장치)에 의한 지반침하가 새롭게 문제가 되고 있다.

그리고 토목공사에 의해 도시에서의 근접환경으로 지반침하를 일으키는 건설공해의 예도 사회적으로 문제가 된다. 특히 개착공사에 의한 것으로 양수에 의한 점성토의 압밀, 흙막이벽의 변형, 불충분한 되메움 등에 의한 침하가 발생한다. 그 밖에도 쉴드 통과에 따르는 쉴드 후부와 세그먼트와의 클리어런스 등에서 주변지반이 침하하거나 과잉약액주입에 따른 지반융기 등에 의해 지반변형을 일으키는 일이 종종 있다. 이 때문에 토목공사에 의한 침하가 예상되는 경우는 사전에 지질조사를 충분히 행할 필요가 있다. 여기에서는 각종 토질조사에 따라 침하량을 예측하는 것은 물론 과거에 있어서 조건이 유사한 공사에 관한 문헌과 자료 등에 큰 힌트가 숨어 있는 것도 놓쳐서는 안 된다.

지반침하가 부득이하게 발생되어 보상문제로까지 발전할 가능성이 있는 경우에는 주변 현장조사 및 가옥에 대한 조사도 실시할 필요가 있다. 물론 시공 중에는 그 변동을 관측하여 이상이 발생한 경우에는 이에 대한 대책을 실시하지 않으면 안 된다.

때때로 지하굴착 공사현장에서 산소결핍에 의한 사고가 발생하는데 왜일까

1960년대 이후 동경과 오사카를 시작으로 많은 도심부에서 라이프라인, 도로, 철도라는 지하구조물의 건설공사가 성행되었다. 그것에 동반하여 지하굴착 시의 산소결핍에 의한 질식사가 많이 일어났다.

산소결핍에 의한 사고는 본래 물로 가득 차 있던 모래 또는 모래자갈층이 공장과 빌딩의 지하수의 과잉양수 등으로 지하수위가 저하되었기 때문에 공기가 들어가게 된 곳에 일어난다.

　이 같은 건조한 모래 또는 모래자갈층에는 환원성의 철(제1철 화합물)이 잠자고 있다. 환원성 물질은 산화화합물(공기 등)에서 산소를 빼앗는 물질이다. 지하굴착공사가 이 같은 층에 달하면 거기에 공기가 공급되어 지금까지 환원상태에 있던 철이 다량의 산소를 소비하여 제2철 화합물로 변화한다. 이와 같은 환원물질을 대량으로 포함한 모래는 1톤당 300ℓ의 산소를 흡수한다. 이 때문에 그 부분의 공기는 산소를 잃어 산소결핍 공기가 되어버리는 것이다.

　그 밖에 박테리아에 의한 산소의 소비, 메탄가스, 탄산가스의 충만에 의한 산소의 치환도 산소결핍의 원인이 된다.

　산소가 인간에게 있어 얼마나 중요한 것인지는 말할 필요도 없다. 산소결핍은 눈에 보이는 것도 아니고 또 냄새가 나는 것도 아니므로 매우 성가시고 위험한 현상이다. 통상 대기 중의 산소농도는 21%이다. 이것이 16% 이하가 되면 안면이 창백해지거나 홍조를 띠게 되고, 숨쉬기 괴로움, 하품, 두통 등의 증상이 나타난다. 거기에 농도가 더 낮아지면 의식불명, 호흡정지에 이른다. 2분 이상 뇌에 산소가 공급되지 않으면 그 기능은 완전히 정지한다고 한다. 비록 죽음에 이르지 않더라도 큰 후유증을 인체에 남긴다.

이 같은 산소결핍 사고는 지하공사 현장에서 떨어진 주변 등에도 영향을 미치는 경우가 있다. 예를 들면, 용수를 막을 목적으로 압기공법 등을 사용하면 뿜어 나온 공기가 모래자갈층을 통과하여 무산소화되고 빌딩과 다른 굴착장소의 균열과 틈 사이에서 산소결핍공기가 침입하여 사고에 이르는 경우도 있다.

이 같은 산소결핍공기에 의한 사고를 방지하기 위해 일본에서는 1972년 노동안전법에 기초하여 노동부 법령으로 산소결핍증 방지규칙이 시행되었다. 이 규칙은 공기 중에 산소가 18% 미만의 공기를 흡입함으로써 발생하는 산소결핍증을 방지하는 것을 목적으로, 작업환경측정, 환기, 산소결핍위험작업 담당자의 선임 및 직무 등에 대해 규정하고 있다.

도로포장에 갑자기 큰 구멍이 뚫리는 경우가 있는데 원인은 무엇일까

보통 우리는 포장의 표면만 보게 되므로 그 아래가 도대체 어떻게 되어 있는지에 대해서는 그다지 관심이 없다. 포장은 몇 개의 층으로 구성되어 있는 구조물이다. 표면은 표층이라 하고 사람과 자동차가 다니기 위해 그 도로의 교통량에 따라 아스팔트혼합물(아스팔트포장)과 콘크리트(콘크리트포장)로 만들어져 있다. 그 밑을 노반이라 하고 자갈을

20~40cm의 두께로 단단히 굳힌 층을 만든다. 노반은 표층에 걸리는 힘을 분산하여 그 아래의 노상에 전달함과 동시에 표층을 균일하게 지지하는 역할을 하고 있다. 포장의 최하층을 노상이라 부르는데 성토와 절토 혹은 원지반의 상부이다.

포장은 교통하중에 따라 대개는 표층 부분이 움푹 파이고(바퀴자국에 의한 파임) 균열이 생기기도 하여 차차 파괴되어 가지만 노반과 노상이 먼저 파괴되고 큰 공동이 발생하는 일이 있다.

이 원인으로는 포장 아래에 만들어진 대형구조물과 매설물을 설치하고 흙을 되메우기 한 후, 그 다짐이 충분하지 않아서 침하하거나 상하수도 등의 매설물이 파손하여 유출한 물이 지반의 토사를 흘려보내 그 공동(空洞) 부분이 노반, 노상으로 올려지는 것 등이 있다. 또 콘크리트포장에 있어서는 강우 시에 차륜이 콘크리트 이음 부분을 통과할 때마다 콘크리트판을 두드리게 되어 그 밑에 침입한 물을 펌프와 같이 밀어내는

펌핑이라 부르는 현상이 있다. 그때 물과 함께 노반의 토사를 밀어내게 되어 콘크리트판 아래에 공동이 생겨버린다.

포장의 표층은 비교적 단단한 재료로 만들어져서 다소의 공동이 있어도 표층만으로 차륜의 무게를 견딜 수 있다. 그러나 방치해두면 공동이 확대되어 차가 놓일 때 포장에 구멍이 생겨 사고가 나는 경우가 있다. 이와 같은 함몰사고는 6월에서 8월에, 시간은 대부분은 한낮에 일어난다. 즉, 노면온도가 높아지고 표층의 아스팔트 혼합물이 부드러워져 차륜을 버텨내지 못하게 되는 경우에 발생하기 때문이다.

이 같은 포장 아래의 공동이 주목받은 것은 1988년에 동경도 중앙구에 잇달아 발생한 함몰사고이다. 이것을 계기로 건설성과 동경도는 주요 도로를 대상으로 공동조사를 실시하게 되었다.

표면에서 육안으로 포장 아래 공동의 위치와 규모를 알 수 없으므로 지중레이더를 사용하여 조사를 하였다. 이는 전자파를 방사하여 포장 아래에 공동이 있으면 전자파의 반사로 인해 파악하는 방식으로, 그 원리는 물고기떼 탐지기와 같다. 근래에 이와 같은 지중레이더에 의한 조사를 일반교통의 흐름을 방해하는 일 없이 행하려는 공동조사차가 개발되었다. 이와 같은 조사는 현재 전국적인 규모로 정기적으로 실시되고, 특히 도시부에 있어서 지금까지 지나쳐버린 공동이 발견되어 사고방지에 도움이 된 적도 있다.

지반의 액상화란 무엇일까

　액상화현상이란 간단히 말하면 지진의 흔들림에 의해 지반이 지하수와 모래입자로 혼합된 액체로 변해버리는 것과 이것이 지상으로 뿜어져 나오는 것을 말한다.
　1964년의 니이가따(新潟) 지진 때 5층 구조의 현궁(県宮) 아파트가 기우는 등의 피해가 있었고 그 원인으로 주목받았다. 일본은 지진다발국이고 더구나 섬나라이므로 해안선 부근의 모래지반 위에 많은 도시가 존재하고 있어 최근에는 큰 지진이 일어날 때마다 액상화현상에 의한 피해가 보고되고 있다.
　액상화현상은 어느 장소에서나 일어나는 것은 아니다. 당연히 암반상에서는 일어나지 않고 일어나기 쉬운 모래지반에서도 지하수위가 낮으면 발생하지 않는다.
　그 메커니즘에 대해 알아보자.

모래지반은 보통 사립자가 느슨하게 결합된 상태로 그 사이를 물이 채우고 있다. 거기에 지진에 의한 격심한 움직임이 가해지면 느슨히 결합되 있던 사립자가 흩어진다. 이때 지하수가 있으면 이 물과 사립자가 섞여 흙탕물과 같이 된다. 이것이 액상화의 상태이다. 이렇게 하여 지반은 액체와 같은 상태가 되므로 그 위에 있는 구조물에 무거운 것은 가라앉고 가벼운 것은 떠오른다. 그래서 액상화에 의해 사립자가 지탱하고 있던 건물 등의 무게가 간극수로 옮겨지면서 수압이 상승한다. 이 수압을 과잉간극수압이라 하고 그 압력에 의해 위층의 약한 부분이 파괴되고 거기에서 물이 모래와 함께 뿜어져 나오는 분사(噴砂)와 분수와 같은 현상이 나타난다.

액상화의 피해로는 건물의 부동침하, 맨홀과 파이프라인 등이 떠오르고 말뚝기초의 휘어짐, 성토의 붕괴, 산사태, 지반이동, 분수에 의한 침수 등이 있다. 1995년 1월에 발생한 한신아와지대지진(일명 고베지진) 때 액상화현상에 의해 인공섬인 포트아일랜드, 롯고(六甲)아일랜드에서 지반함몰이 일어나 엄청난 피해를 받았다.

이와 같은 사실에서 오사카와 동경 등에서 액상화 예측지도가 작성되었다. 그러나 한신아와지대지진 때는 예상 이상의 흔들림 때문에 종래의 관점에서는 일어나지 않을 것 같은 장소에서도 액상화의 피해가 보고되기도 하였다. 액상화가 일어나기 쉬운 것은 지진의 크기에 따라 다르다.

이 같은 액상화현상에 의한 피해를 막기 위해 시멘트와 석회로 지반을 굳히는 방법, 지반을 액상화되기 어려운 흙으로 완전히 바꿔놓는 방법, 기초말뚝을 지반 깊숙이 설치해놓는 방법 혹은 구조물 주위에 시트파일을 설치하여 지반의 변형을 억제하는 방법, 지반 중에 간극수압이 소산되도록 하는 방법 등 여러 가지 대책을 생각할 수 있다.

지반의 측방유동이란 어떤 현상일까

지반 위에 하중이 가해져 그 하중이 지반의 지지력을 넘으면 지반은 파괴한다. 그러나 파괴형상은 지반의 성질에 따라 다르다.

경질의 지반에서는 입자 간에 저항력이 크기 때문에 변형에너지가 내부에 축적되면서 한계에 달했을 때 일시에 그것을 방출한다. 이와 같은 파괴를 취성파괴(脆性破壞)라고 한다. 지진 시 단층의 움직임이 대표적인 예이다.

그렇지만 연약한 지반에 하중이 가해지면 먼저 가장 약한 부분이 파괴되고 점차 파괴 부분이 넓어져 전체 파괴로 이어진다. 이 같은 파괴를 진행성 파괴라 하는데 지반이 부풀어 오르는 현상 등에서 볼 수 있다.

연약지반상에 성토를 하면 성토 본체는 파괴되어 있지 않은데 성토가 크게 침하하고 공사면의 단부 앞이 부풀어 오르는 현상을 볼 수 있다. 이 같은 지반에서는 전날 성토한 흙이 다음 날 아침 현장에 가면 언제 그랬냐는 듯이 사라져버려 도깨비구역이라고 이야기한다. 성토는 아무리 해도 가라앉고 공사면의 단부는 점점 부풀어 오른다.

이것은 성토 하부의 연약지반이 성토 하중을 견디지 못하고 전단파괴를 일으킨 결과이다. 이와 같이 구조물 직하가 아니라 경사면에서 앞쪽의 지반이 부풀어 오르는 현상을 측방유동(側方流動)이라 한다.

이 같은 연약지반에서 급속한 성토시공은 위험하다. 연약지반은 강도가 현저히 낮기 때문에 기본적으로는 연약지반상에 구조물을 짓는 것은 피하는 것이 좋지만 도로 등에서는 선형과 용지의 관계 등에서 어쩔 수 없이 연약지반상에 성토하는 경우도 많다.

측방유동을 방지하기 위한 대책에는 여러 가지가 있지만 기본적인 개념은 미끄러짐을 막는 방법과 미끄러지지 않게 지반을 개량하는 방법이다.

미끄러짐을 막는 방법 중에는 압성토공법이 원리, 효과, 시공하기 쉬운 점 등에서 신뢰성이 높은 공법이다. 공사면 앞에 낮은 성토를 1단 더 성토하여 부푸는 것을 막는 것이다. 시공방법으로는 성토의 높이까지 전면을 성토한 후 중앙에 성토 본체를 시공한다. 단, 이 공법은 용지가 충분하지 않으면 안 된다.

용지에 여유가 없을 경우에는 지반강도를 높이는 수밖에 없다. 과거에는 연약지반층을 양질토로 바꾸는 치환공법 등도 행하였지만 현재는 사토처리에 대한 문제도 있어 실질적으로 활용되지는 않고 있다. 그래서 미리 압밀을 촉진시켜 지반밀도를 높이는 방법과 석회와 시멘트 등을 첨가하여 지반을 고결화하는 방법이 활용된다.

산을 깎아 만든 절취사면은 위험해 보이는데 괜찮을까

산지와 구릉지 등의 천연사면은 늘 침식을 받아 조금씩 풍화해간다. 어느 시점에서 그 경사를 유지하기 어려워지면 무너져 다시 안정적인 경사가 된다. 자연계에서는 이 같은 현상이 반복되어 자연지형이 형성되고 있다. 산사태, 절벽의 붕괴, 낙석 등의 무너짐, 토석류, 이류(泥流), 산진파(山津波) 등의 흐름과 같은 지반활동은 사면이 역학적으로 불안정해져서 안정하려고 사면을 다시 형성하는 자연현상이다.

근년의 도시집중화 경향이 주택지를 산지, 구릉지까지 확장한 결과 이러한 자연현상이 인간생활 가까이 발생하게 되었다. 이 같은 현상에 의해 얼마간의 인적 피해, 재산피해를 입는 것을 절취사면의 토사재해라 부른다.

이 같은 토사재해 중에도 절취사면붕괴는 도시집중화 재해의 전형적인 예로, 비교적 새로운 붕괴라고 할 수 있다. 도시부에서는 자연사면뿐만 아니라 사면을 잘라내고 흙을 성토하여 새로운 사면을 만들어내는 등 인공적인 급경사면을 형성하는 경우를 많이 볼 수 있다. 현재 일본 전국에 약 8만 2천 개에 달하는 절취사면 붕괴위험 지역에 약 6백만 명이 지내고 있다.

사면의 붕괴는 지금까지 안정되어 있던 낭떠러지가 갑자기 무너져 내려 돌발적으로 발생하는 현상이다.

이러한 사면은 지반의 종류에 따라 무너지기 쉬운 지반과 그렇지 않은 지반이 있다. 전자의 대표적인 것으로 화강암이 풍화한 마사토와 큐슈에 많이 존재하는 시라스(白沙)지반이 있고 어느 것이나 물이 통하기 쉬운 특징을 가지고 있다.

딱딱한 암반은 치밀하기 때문에 비가 내려도 안까지 스미는 일이 적지만 암반이 풍화하면 표면에 금이 생기고 내부에도 균열이 생긴다. 이 균열진 곳에 들어간 물이 그대로 흘러버린다면 문제가 없지만 암반의 아래쪽에는 아직 풍화하지 않은 딱딱한 부분이 있어서 물을 통과시키지 못한다. 도망갈 곳을 잃은 물이 동결 등에 의해 압력이 높아지면 한순간에 붕괴한다. 1996년 북해도의 국도 229호선 토요하마(豊浜, 풍빈) 터널에서 일어난 암반붕괴사고는 그 전형적인 예이다.

또 흙으로 이루어진 지반에서는 비가 내리면 간극 내에 물이 흘러들어가 무거워져 밀도가 높아지면 자중을 견디기 어려워 떨어져 내린다. 이 밖에도 지진과 화산활동 등에 의한 충격하중이 가해지면 사면붕괴를 일으키는 경우도 있다.

점토질로 이루어진 자연사면은 비교적 안정성이 있다. 점토지반은 수직으로 잘려도 어느 높이까지는 무너지지 않는다. 이것을 한계자립높이

8. 재해·환경에 관계되는 흙

라 한다. 또 점토는 입자 간에 점착력이 있어 떨어지기 어려우며 또한 투수계수가 낮아서 지층 내부에 물이 흘러들어가기 어렵다. 표면이 식물로 덮여 있으면 보다 좋은 조건이 된다.

지반 미끄러짐에 대한 종합적 대책은 어떻게 진행되고 있는가

사면의 붕괴는 급경사면이 부서지는 현상이고 이러한 사면붕괴가 대량의 물을 동반하는 경우에 토석류와 이류(泥流)가 된다. 이것은 모두 급경사면에서 발생하고 토사의 이동속도는 빠르고 비교적 단기간에 현상 자체가 종식된다.

한편 지반의 미끄러짐은 지하수가 들어가 사면의 일부분이 다른 부분과의 사이에 경계면에 의해 분리되어 한꺼번에 넓은 범위의 지면이 그 경계면에서 미끄러지는 현상이다. 완만한 사면에서도 일어나는데 그 속도도 비교적 느리다. 또 계속성, 재발성이 높기 때문에 2차 재해의 위험도 있다. 지반 미끄러짐은 사면의 각도 등의 지형적인 조건, 흙의 점착력과 내부마찰각 등 흙의 성질, 거기에 지하수 등의 조건이 조합되어 발생한다.

1989년 나가노시(長野市) 지부산(地附山)에서 대규모의 지반 미끄러짐 현상이 발생하여 산 중턱에 있던 경로당과 산기슭의 신흥주택지를 토사가 삼켜 버렸다. 이 지반 미끄러짐은 비교적 완만하게 일어났기 때문에 다행히 인명피해는 없었다. 그러나 TV에 중계된 그 영상은 움직이기 시작한 지반의 무시무시한 힘을 생생하게 보여주었다.

지반 미끄러짐이 발생하는 지질은 한정되어 있는데 제3기층, 파쇄대, 온천지의 3개로 구분할 수 있다.

제3기층 지반 미끄러짐은 그린터프지역으로 불리는 곳으로 비교적 풍화하기 쉬운 이암(泥巖), 응회암(凝灰巖)이 원인이 되어 발생한다. 폭설(暴雪)지대인 아오모리(青林), 아키타(秋田), 야마가타(山形), 니이가타(新潟), 후지야마(富山), 이시가와(石川)의 각 현에서 볼 수 있다.

파쇄지대 미끄러짐은 단층운동에 의해 암석이 산산이 조각난 곳에 물이 들어가 그 물에 의해 연약해진 점토가 원인이 되어 발생한다. 이와 같은 지반의 미끄러짐이 자주 발생하는 지대는 대략 중앙구조선(일본의 대표 단층 중 하나)에 따라 분포하고 있다.

온천지 미끄러짐은 화산지대의 온천작용인 열수분기(熱水噴氣), 류화물(硫化物)에 의해 딱딱한 화산암이 점토화(온천여토)되어 감에 따라서 발생한다. 유명한 온천지인 하코네(箱根)가 그 대표적인 지대이다.

이 같이 지반 미끄럼이 발생하기 쉬운 장소에 대해서는 전국적으로 조사되어 있다. 그 수는 전국에 약 2만 개 이상에 이른다. 그러나 여러 가지 제약조건으로 인해 모든 장소에 대해 충분한 대책공법이 가능할리는 없다. 그래서 최근에는 사면에 대해 모니터링하기 위해 미끄러짐 센서를 설치한 자동감지시스템의 도입이 주목되고 있다. 이동량의 계측뿐만 아니라 경계피난체제의 정비 등 종합적인 대응책이 진행되고 있다.

매년 피해자가 발생하는 토석류는 왜 일어나는가

　1996년 나가노현 소곡촌(小谷村)에서 하천의 재해복구공사 작업 중에 토석류(土石流)가 발생하여 작업 인부가 휩쓸리는 재해가 발생하였다. 1997년에도 가고시마현의 이즈미시(出水市)에서 대규모 토석류가 발생하여 마을을 덮쳤다.

　급사면에서의 두꺼운 풍화층, 퇴적층 등이 듬뿍 물을 머금은 경우에 붕괴하면 토사와 물이 뒤섞여서 흘러내려가게 되어 바닥면과 측면을 깎으면서 토량을 증가시키고 규모를 확대하면서 흘러내려 간다. 이 같은 붕괴현상이 토석류이다.

　토석류의 선단부는 큰 돌이나 목재 등을 포함하고 있어, 이들이 배후의 흙탕물을 끌어 올리고 또 다시 떨어져 내려가 돌과 자갈을 밀어올리는 역동적인 움직임을 반복한다. 토석류 내부에는 수 톤에 이르는 거대

한 암석도 함께 흘러가는 일이 있다. 그 에너지는 상당한 것이다.

나가사키현(長崎縣)의 운선(雲仙), 보현악(普賢岳)의 분화 이후 수무천(水無川), 탕강천(湯江天) 유역에서 토석류가 자주 발생하여 가옥의 매몰파괴와 철도, 도로 등이 조각조각 끊어진 피해가 있었다. 이때의 유출토사량은 40만m³에 달하는 것도 있었다. 이 토석류는 화산분화에 의해 대량으로 내려가 쌓인 화산재에 대량의 빗물이 공급되어 생긴 결과이다.

토석류는 급사면에 있어서 부드러운 점토층에 물이 포함되어도 항상 발생하는 것은 아니다. 적당한 흙의 양과 물 공급의 밸런스로 일어난다. 흙의 양이 작으면 홍수가 되고 물의 양이 작으면 소규모의 붕괴에서 멈춘다. 일반적으로 산허리 사면의 각도 15° 이상의 급경사지에서 발생한다. 발생한 토석류는 경사가 2~3° 정도가 되지 않으면 흐름은 멈추지 않는다.

토석류의 빠르기는 사면의 경사와 물의 양에 따라 다르지만 빠른 것은 시속 60km 이상에도 다다른다. 또 토석류는 직진하는 성질이 강하여 다소의 장애물이 있어도 구부러지지 않고 곧바로 흘러 때로는 건너편 기슭의 산까지 올라가는 일도 있다. 이때에 부딪치는 것들은 사정없이 파괴하여 지형을 바꿔간다. 이와 같은 충격력이 한순간에 하류로 밀려 닥치므로 피난할 틈 없이 사람을 휩쓸고 지나가기 때문에 사고도 종종 발생한다.

이에 대한 대책으로는 발생원인이 되는 작은 붕괴를 막는 방법, 하천 바닥과 하천경계부가 깎이는 것을 방지하는 방법, 모래제방댐 등에 의해 긴 구간에 걸쳐 하천 바닥의 경사를 완만히 하는 방법 등이 있다. 모래제방댐은 충격을 완화하는 기능도 있다. 토석류가 빈번하게 발생하는 곳

에는 토석류 흐름 길목의 상류에 와이어를 펼쳐놓고 토석류가 그 와이어를 절단하는 것으로 토석류 발생을 감지하는 와이어센서를 설치하는 방법도 있다.

산울림이 발생하거나 비가 계속해서 내리는데 하천 수위가 내려간다든지 하천의 흐름이 탁해지고 나무가 떠내려오는 경우 등과 같이 토석류가 일어나는 징후를 확인하는 것도 중요하다.

수자원으로서의 지하수가 안고 있는 문제에는 어떤 것이 있을까

수자원으로서 지하수는 매우 매력적이다. 음료수나 그 밖의 용수로서 수질이 좋고 수량도 안정되어 있다. 연간 수온이 일정(연평균 기온과 거의 같다)하여 여름은 시원하고 겨울은 따뜻하게 느껴진다. 또 자기 토지

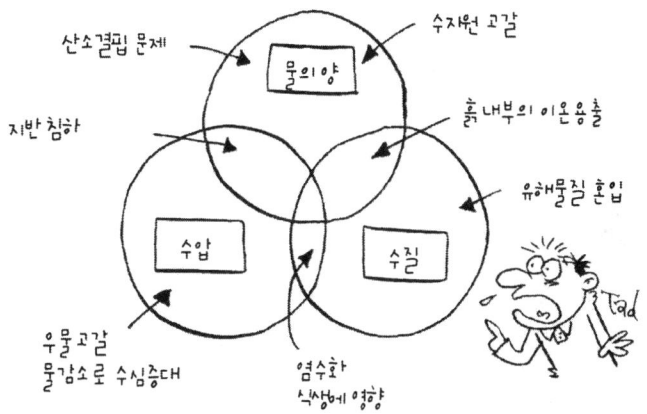

의 지면에서 채수 가능하여 수리권의 문제가 없고 수도시설도 간단한 것으로 끝난다.

그렇지만 일본은 아메리카에 비해 지하수가 풍부한 면이 있으나 그 이용에는 신중함이 다소 결여되어 있다. 그 결과 지금 여러 곳에서 문제가 되고 있다.

지하수는 강수가 지하에 침입(함양)하여 지하를 흐르고(유동) 하천과 바다로 흘러나간다(유출). 그 사이에 우물 등에서 모아져(양수) 이용되는 일도 있다. 이와 같은 사이클은 수문순환(水文循環)이라고도 하며 인공적인 양수가 작으면 그 같은 영향을 흡수하여 자연적으로 균형을 이룬다. 그러나 어느 한도 이상의 양수는 지하수 고갈과 거기에 따르는 각종 장해를 초래하게 된다.

지하수 문제에 대해서는 기본적으로 수량, 수압, 수질의 3개의 요소를 생각하지 않으면 안 된다. 지하수를 이용할 경우 수량에 여유가 없어서는 안 된다. 지하수의 함량을 넘어서 양수하면 지하수압을 저하시켜 우물의 고갈과 지반침하를 초래한다.

해안 부근에 있어서 지하수압이 낮아지면 해수가 반대로 지하에 침투하여 염수화라는 수질문제가 발생하기도 한다. 지하수의 염수화는 심각한 문제인데 북해도에서 오키나와(沖繩)까지의 일본 전 해안에서 그 피해가 발생하고 있다. 네덜란드에서는 일찍부터 이 문제에 대응하기 위해 지하수의 염분 변화 상황을 관측하는 한편, 지하수위를 인공적으로 조절하여 지하수압의 저하를 막고 있다. 운하 수위가 높은 것은 지하수압을 높이고자 하는 의도에서이기도 하다. 또 지하수의 유동량이 작아지면 흙 안의 이온이 용출하여 수질이 악화된다. 토양에 염소이온이 흡착하면 식생에 악영향을 미친다. 일단 흡착한 염소이온을 씻어내는 일은 쉽지 않고 그 영향은 장기간 계속된다.

터널 등의 건설공사에 의해서도 갱내의 용수에 의해 주변의 지하수압이 저하하고 우물의 고갈과 연못과 호수의 수면 저하를 초래하는 일도 있다. 쉴드터널 공사에 있어서 산소결핍문제도 지하수위의 저하가 초래하는 장해의 하나이다.

지하수의 개발 및 보전을 위해서는 지하수의 실태와 거동을 파악하는 일이 필요하다. 그것에 관해서는 컴퓨터에 의한 수치 시뮬레이션법이 주목받고 있다. 또 지하수의 관리에는 양수의 한계량을 합리적으로 결정하는 일도 필요하다. 그 요건은 지하수위의 저하에 동반하여 생기는 장해가 주민에게 미치는 경제적 불이익과 지하수의 퍼올림에 의한 이익을 생각하여 결정하지 않으면 안 된다.

지하댐은 어떤 용도로 쓰이고 있는가

 일본의 연평균 강수량은 약 1750mm이고 세계 평균의 약 2배이다. 그 총량은 6천6백억m³이고 일본은 그중 하천수에서 7백70억m³, 지하수에서 130억m³를 이용하고 있다. 그것은 고작 총량의 14%에 지나지 않는다. 일본의 지하수는 풍부하고 화산성의 토질이어서 질도 좋다고 한다. 이와 같은 지하수를 유효하게 이용하기 위해 생각해낸 것이 지하수를 모아두기 위해 지하에 댐을 만든다는 발상이다.
 지하댐에 대한 구상은 1943년 토찌기현의 나스(那須)지방 들판의 물이용 계획 중에서 용수를 저지(阻止)하는 벽으로 나타낸 것이 최초이다.
 지하수는 토립자 사이의 공극 속을 천천히 이동하지만 공극이 큰 흙으로 이루는 지반과 지형이 급한 곳에서는 지하수위의 계절변동은 꽤 커진다. 그래서 지하수의 흐름을 막아 지하수위를 높이고 지하에 대량의 지하수를 담아두는 것이다. 또 해안 부근에서는 지하수위의 저하에 의한

해수의 지하수에로의 유입을 방지하는 효과도 있다.

지하댐을 만들 수 있는 조건은 ① 지반 속의 투수층이 적당한 두께를 가지고 차단하여 댐을 만들 수 있을 정도의 것일 것 ② 댐에 의해 불어난 지하수가 횡방향으로 빠져나가지 않도록 투수층이 골짜기로 되어 있을 것 ③ 원래의 지하수위가 낮아 수위를 상승시킬 여유가 있을 것 ④ 퍼 올려도 상류로부터의 유입이 있을 것 ⑤ 지하수 이동이 빠를 것 등이 있다.

하천댐과 비교한 경우의 이점으로는 수몰되는 토지의 걱정 없이 안전하고 시공비도 저렴한 것을 들 수 있다. 한편 문제점으로는 지하수위를 올려 지하수를 저장하여도 흙 속의 물을 전부 이용할 수 없고, 모래자갈층과 같이 가장 저류효율이 좋은 지층에서도 흙의 체적의 겨우 15% 정도밖에 저류(貯留)가 가능하지 않은 일이다. 더구나 지하에 충분한 지수성(止水性)을 가지는 벽을 경제적으로 만드는 것은 용이하지 않다. 댐의 시공은 점토와 시멘트를 지하에 주입하여 지수(止水)벽을 만드는 것에 의해 행하지만 시공상의 어려움으로 인해 너무 높은 댐은 무리이며 20~30m 정도가 한도라고 되어 있다.

1973년 나가사키현(長崎縣) 야모기정(野母崎町)에 음료수 확보의 목적으로 길이 60m, 높이 26m의 지하댐이 건설되었다. 이 지하댐은 해안 옆의 매몰계곡의 모래자갈층을 옆으로 자르듯이 건설하였다. 그 후에 지하수위가 차차 낮아져 갔기에 1980년에 개량공사가 실시되었다. 또 오키나와현(沖繩) 궁고도(宮古島)에는 1979년에 길이 500m, 높이 16.5m의 지수벽이 점토, 시멘트주입공법으로 만들어졌다. 이 댐은 다공질로, 불투수성이 높은 반고체 형상의 류큐(硫球 : 오끼나와의 옛 이름) 석회암층 속에 만들어져 있다.

대심도 지하공간이란 어느 정도의 깊이를 말하는 것일까

최근 '도시의 지하공간을 유효하게 사용하자'는 것에 대한 관심이 급격히 높아지고 있다. 그 이유로는 첫 번째, 토지는 생산하거나 이동하기 어렵다는 점, 두 번째, 이미 개발이 진행된 지상만으로는 연속하여 사용할 수 있는 토지에는 한계가 있다는 점을 들 수 있다.

동경과 같이 대도시에 큰 기능이 집중되면 모든 사무소와 주택지가 평면적으로 해결되기 위해서는 한계가 생긴다. 그래서 부족한 토지의 상방과 하방에 눈을 돌렸다. 그러나 상방의 공간을 이용하기 위해서는 얼마간의 구조물을 만들 필요가 있고 또 일조건 등의 현재 토지이용형태와의 조정을 확실하게 하지 않으면 안 된다. 이런 점에서 하방에 눈을 돌린 지하공간은 자연지반이 이용 가능하고 온도와 습도가 일정하여 기상조

8. 재해·환경에 관계되는 흙

건의 영향을 받기 어려운 등의 안정성을 갖고 있기 때문에 오히려 이용하기 쉽다고 생각된다.

또 예를 들면 새롭게 도로와 철도를 건설하려고 할 때 이것을 지상에서 행하려고 하면 그 노선의 일부가 이미 공장과 택지 등으로 이용되고 있어 이것을 부수거나 이전시키거나 하지 않으면 안 된다. 새롭게 지하공간을 이용하는 경우에는 이 같은 문제도 없고 어느 정도 깊은 공간이라면 꽤 용이하게 연속된 공간을 확보할 수 있지 않을까 하는 기대가 있다.

현시점에서도 하수도와 지하철 등 지하 50m 정도까지의 공간은 보통 이용된다. 대심도(大深度) 지하공간일 경우에는 보통 50m보다 깊은 부분을 가리키지만 몇 미터까지를 이야기하는지에 대해서는 규정이 있을 까닭은 없다. 일반적으로 현재의 토목건축용의 구조물 기초에 영향을미치지 않을 정도로 깊은 지하공간으로, 이 기초지지층의 10~20m 깊이, 수도권의 경우 50~150m 정도의 깊이가 대상이 된다.

도시의 기능 중에서 어느 부분을 대심도 지하로 옮겨갈까에 대해서는 현재도 전문가들 사이에서 여러 가지 의논이 이루어지고 있다. 어떤 사람은 거주공간이야말로 지하로 가져가 넓은 공간에서 쾌적하게 생활을 해야 한다고 하고, 또 어떤 사람은 태양의 빛이 도달하지 않는 곳에서의 생활은 인간의 정서를 불안정하게 하거나 의학적으로도 신체에 좋지 않으므로 사무용 건물과 도로의 일부를 지하로 옮겨야 한다고 주장하기도 한다.

이와 같은 대심도 지하공간을 유효하게 활용하기 위해서는 균질하지 않은 지반을 저공해로 굴착하여 대량의 굴착토사를 적절히 처리하여야 한다. 또한 최종적으로 큰 토압과 수압을 유지할 수 있는 공간을 만든다는 기술적인 문제 외에 경제성, 환경대책, 법률상의 문제 등 해결하지 않으면 안 되는 일이 아직 산적해 있다.

큰 사회문제인 토양오염의 원인은 무엇인가

근래에 시가지의 재개발에 따라 공장 및 연구기관이었던 지역에서 6가크롬(cr)과 유기염화화합물 등의 유해물질에 의한 토양오염, 농약의 과잉사용에 따른 토양오염 등이 큰 사회문제로 대두되었다. 이들 오염토양의 유해물질은 지하수 혹은 빗물과 함께 유출되어 농작물 등의 식물에 흡수된다. 이는 그 식물을 먹는 동물을 통하여 인체 내에 흡수·축적되어 심각한 건강장해를 초래한다. 물질에 따라서는 오염원에서 멀리 떨어진 장소에까지 미치는 것도 있다.

원래 자연계에 존재하는 화학물질은 자연 상태에서는 생태계에 영향이 거의 없다. 오염물질의 대부분은 자연계에 존재하고 있지 않는 것이다. 오염물질 중에서도 난분해성, 생물농축성의 물질이 문제가 된다. 결국 무독화되기 어렵고 생물이 체내에 들어가면 축적되어 버리는 물질이다.

일본에서도 전쟁 후의 고도성장에 따른 수많은 토양오염의 피해가 발생하였다. 이것을 교훈으로 삼아 토양오염의 방지에 몇 개의 법률이 제정되었다.

오염물질의 대부분은 '폐기(廢棄)'에 의해 환경에 진입해간다. 폐기물의 발생량은 근래에 눈부신 산업의 발달과 인구증가와 도시집중화에 의해 팽대해졌다. 이것에 대하여 '폐기물 처리법', '수질오염방지법' 등의

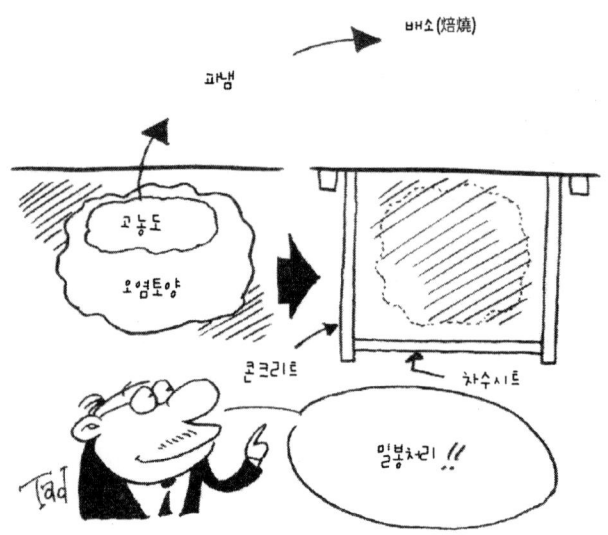

　관계법령에서 발생원대책이 강구되고 폐기 전에 오염물질의 제거처리가 이루어지게 되었다.
　한편 농업용지에 있어서의 과잉농약의 사용도 토양오염의 원인이 되어 '농업용지 토양의 오염방지 등에 관한 법률'의 제정 등에 의해 토양오염방지대책이 강구되었다.
　그러나 완전히 제거되지 않는 귀찮은 물질의 폐기, 돌발적인 사고에 의한 유해물질의 유출, 혹은 한번 오염되면 장기간 머무르는 축적성오염 때문에 관계법령 시행 이전의 농약 과잉 투여, 폐기물의 매립, 오수의 누출 등에 기인하는 토양의 오염은 아직 해결되지 않았다.
　이 같은 오염된 토양에 대한 대책으로 지반개량이 행해진다. 이전에는 오염된 토양을 바꾸려는 치환공법이 행해졌으나 환경보존의 입장에서 거의 사용되지 않게 되었다. 그래서 고농도에 오염된 토양에 대해서는 전문처리업자에게 위탁하여 배소(焙燒 : 불에 쬐어서 익힘) 등의 처리를 행하고, 고농도 오염토양 이외에는 콘크리트조 등에 밀봉하여 넣는 처리를 행하는 대책이 이루어지고 있다.

건설잔토의 문제는 무엇일까

건설공사에 의해 부차적으로 발생하는 것에는 공사현장 외로 반출되는 토사(소위 건설잔토), 콘크리트 폐기물, 아스팔트콘크리트 폐기물, 목재, 금속, 유리부스러기 등 여러 가지가 있다. 이들을 총칭하여 건설부산물이라 한다.

건설부산물은 건설폐기물과 재생자원으로 분류하여 각각 '폐기물 처리 및 청소에 관한 법률'(소화 45년(1970) 제정, 이하 '폐기물처리법')과 '재생자원 이용의 촉진에 관한 법률'(평성 3년(1991) 제정 이하 '리사이클법')에 의해 부산물처리에 관한 법률이 정해졌다.

건설잔토는 건설폐재료 등이 혼입되어 있거나 함수율이 높은 진흙상태(泥狀 : 덤프트럭에 산적이 불가능하고 또 그 위를 사람이 걸을 수 없는 상태)의 경우를 제하면 기본적으로는 폐기물처리법상의 폐기물에서 제외된다. 그러나 리사이클법에 의해 그 발생을 억제함과 동시에 공사에 있어서 이용에 노력해야 할 재생자원으로 되고, 그 종류를 1~4종으로 분류하여 재이용에 관한 용도를 정하고 있다.

건설성이 평성 7년도(1995)에 행한 조사에 따르면 전국의 공사현장에서 반출된 건설잔토는 약 4억 4천6백만m^3, 동경돔 360배 정도에 상당하는 엄청난 양이다. 이 중 약 84%가 공공토목공사, 9%가 건축공사, 7%가

민간토목공사로 반출된 것이다.

반출된 잔토는 해면의 흙막이공사, 토지조성, 도로성토, 하천의 축제의 내륙부 공공공사 등에 전체의 3할 정도가 이용되고 있지만 그 외에는 충분히 이용되지 못하는 것이 현 상태이다.

토지조성과 도로성토 등에 있어서 절·성토량의 밸런스를 고려하여 계획한다면 어느 정도 잔토는 억제 가능하다. 한편 대도시 주변에서는 토지의 유효이용 관점에서 지하공간 이용을 추진하고 있어 잔토의 발생량은 오히려 증가하는 추세다.

그러나 근래에는 잔토를 활용하려는 수요가 줄어들고 동시에 잔토활용지의 환경보전 문제도 안고 있는 실정이다.

그래서 잔토의 유효이용을 위해 발생 자체를 억제하는 기술(굴착단면을 될 수 있는 한 작게 만드는 공법의 채용), 발생토를 양질의 흙으로 개량하는 기술(기포와 섬유 혹은 시멘트와 생석회를 혼합하여 그 성질을 개량한다), 질이 좋지 않은 것을 이용하는 기술(연약토를 투수성의 포대에 넣어 지상에 방치하여 연약토 내부 물을 포대 밖으로 배출하여 함수비를 저하시켜 이용한다) 등의 신기술이 개발되고 있다.

참고문헌

1) 日立デジタル平凡社「マイペディア '97」(電子ブック版), 平凡社, 1979
2) 土木学会:「土木工学ハンドブック」, 技報堂出版, 1989
3) 竹内均・上田誠也:NHKブックス6 「地球の科学・大陸は移動する」, NHK出版, 1964
4) 土木学会:「土木学会誌」1989年 2月号
5) 「日本大百科全書」, 小学館
6) 土木工学会:「土のはなしⅠ・Ⅱ・Ⅲ」, 技報堂出版, 1979
7) 山口柏樹:「土木力学」, 技報堂出版, 1984
8) 粘土科学研究所:「粘土化学研究所パンフレット」
9) 松雄新一郎:「新稿 土木工学」, 山海堂, 1984
10) 地盤工学会:「粘土の不思議」, 地盤工学会, 1986
11) 地学団体研究会:「新版」
12) 丹保憲仁・小笠原紘一:「浄水の技術」, 技報堂出版, 1985
13) 巽巖:「上水工学」, 共立出版
14) 高山昭:「トンネル施工法」, 山海堂
15) 地盤工学会:「土質工学入門」, 地盤工学会, 1977
16) 椹木亨・柴田徹・中川博次:「土木へのアプローチ」, 技報堂出版,

1991

17) 山田順治・有泉昌：「わかりやすいセメントとコンクリートの知識」, 鹿島出版会, 1976

18) 福岡正巳・村田清二・今野誠：「新編　土質工学」, 国民科学社(オーム社), 1984

19) 地盤工学会：「技術手帳3」, 地盤工学会, 1992

20) 地盤工学会：「日本の特殊土」, 地盤工学会, 1974

21) 松尾友也：「土木施工法」, 森北出版, 1970

22) 石井一郎：「土木工学概論」, 鹿島出版会, 1987

23) NHKテクノパワープロジェクト：「巨大建設の世界3」, NHK出版, 1993

24) 本州四国連絡橋公団：「明石海峡大橋パンフレット」

25) 中瀬明男・奥村樹郎・沢口正俊；「現場監督のための土木施工」, 鹿島出版会

26) 高橋寛：「鉄道工学」, 森北出版, 1970

27) 粟津清蔵：「絵とき土木施工」, オーム社, 1996

28) 鹿島建設：「超高層ビルなんでも小辞典」, 講談社, 1988

29) 日本火薬工業会資料編集部：「一般火薬学」

30) 河野伊一郎：「地下水保全とこれからの技術課題」土と基礎 Vol.34 No.11, 地盤工学会

31) 土木学会関西支部：「地盤の科学」講談社, 1995

32) 多田宏行・富田洋：「道路保全における路面下空洞探査技術」 道路1993年5月号

33) 高野秀夫：「斜面と防災」, 築地書館, 1983

34) 柴崎達雄:「地下水開発と環境保全」土と基礎　Vol.34 No.11, 地盤工学会
35) 高橋浩二:「新体系土木工学・別巻、工事災害と安全対策」, 技報堂出版, 1983
36) 日本林業技術協会:「土の100の不思議」, 東京書籍, 1990
37) 薄井清:「土は呼吸する」, 社会思想社, 1976
38) シビル工学研究会:「土木への誘い」, 日本理工出版会, 1989
39) 淺川美利・木村孝道・原田静男:「土木工学入門」, コロナ社, 1978
40) 杉田美昭:「土工事の施工ノウハウ」, 近代図書, 1990
41) 池谷浩:「砂防入門」, 山海堂, 1974
42) 中村靖:「技術士を目指して・土質および基礎」, 山海堂, 1995
43) 平岡成明・平井孝典:「大地を甦らせる地盤改良」, 山海堂, 1994
44) 片脇清士:「新しい土木材料とその展開」, 山海堂, 1994
45) 平間邦興・徳富準一:「土構造物をつくる新しい技術」, 山海堂, 1994
46) 中村靖:「大地に根ざす基礎」, 山海堂, 1994
47) 石川陸男・平井孝典:「土の崩れを留める」, 山海堂, 1994
48) 水谷敏則:「地下空間は拓く」, 山海堂, 1994
49) 渡辺具能:「液状化はこわくない」, 山海堂, 1995
50) 鹿島建設土木設計本部:「設計の基本知識」, 鹿島出版会, 1993
51) 地盤工学会:「土質試験の方法と解説」, 地盤工学会、1990
52) 地盤工学会:「土質断面図の読み方と作り方」, 地盤工学会, 1985
53) 新村出:「広辞苑」, 岩波書店, 1991
54) 力武常次・永田豊・小川勇二郎:「チャート式　新地学」, 数研出版, 1987
55) 佐藤常治:「鉄道QA事典」, 徳間書店, 1985

재미있는 흙이야기

초판발행 2009년 9월 30일
초 판 2 쇄 2020년 12월 22일

지 은 이 히메노 켄지 외
옮 긴 이 이승호·박시현
펴 낸 이 김성배
펴 낸 곳 도서출판 씨아이알

편 집 장 박영지
책임편집 최장미
디 자 인 송성용, 김민영
제작책임 김문갑

등록번호 제2-3285호
등 록 일 2001년 3월 19일
주   소 (04626) 서울특별시 중구 필동로8길 43(예장동 1-151)
전화번호 02-2275-8603(대표)
팩스번호 02-2265-9394
홈페이지 www.circom.co.kr

I S B N 979-89-92259-30-9 (93530)
정   가 15,000원

ⓒ 이 책의 내용을 저작권자의 허가 없이 무단 전재하거나 복제할 경우 저작권법에 의해 처벌받을 수 있습니다.